总主编 周卓平 蒋 柯

做情绪的主人

情绪管理与健康指导手册

第九册

职场中的情绪管理

本册主编 林春婷 胥 良 刘鸿娇

目录

职场中的情绪管理

【知识导图】

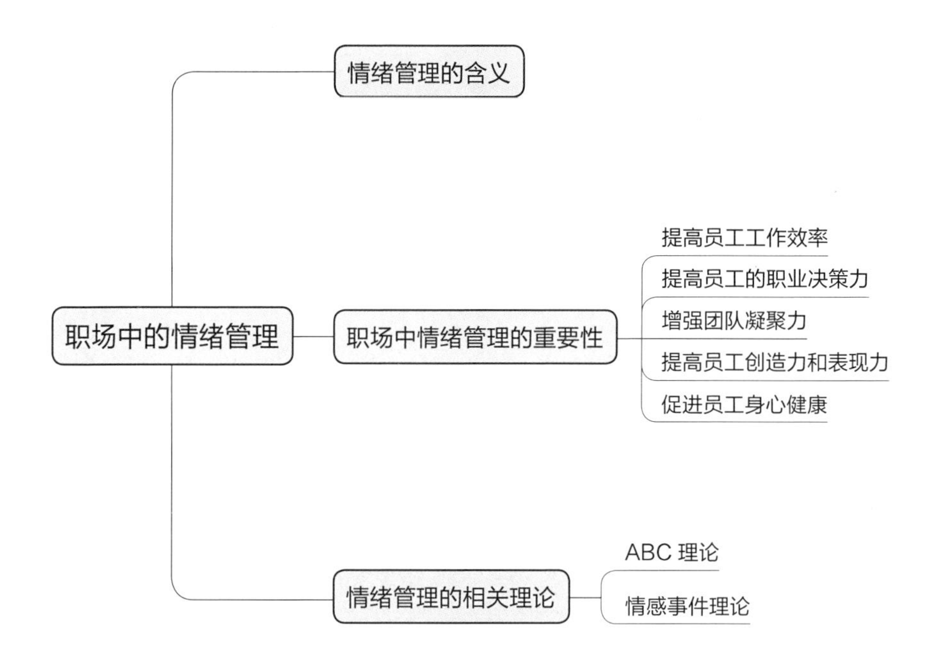
职场中的情绪管理
情绪管理的含义
职场中情绪管理的重要性
提高员工工作效率
提高员工的职业决策力
增强团队凝聚力
提高员工创造力和表现力
促进员工身心健康
情绪管理的相关理论
ABC 理论
情感事件理论

情绪管理的含义

“情绪管理”这一概念最早由霍赫希尔德（Arlie Hochschild）提出，她认为情绪管理是个体正确认知和区分因客观因素造成的自己的情绪状态，并通过科学有效的方法正确调整和引导情绪流向，达成一个与他人或者环境和谐共处的状态。

社会工作者认为，情绪管理是控制和调节个体和群体情绪的过程，是人们对自身情绪和他人情绪的认知、引导、协调、互动和控制的过程。

心理学家认为，情绪管理是个体管理和改变自己或他人情绪的过程。在这个过程中，个体通过一定的策略和机制使情绪在生理活动、主观体验、表情行为等方面发生一定的变化。换句话说，情绪管理就是指一个人使用策略或方法来影响、改变或控制自己和他人的情绪体验和情绪表达的过程。通过情绪管理适当排解生活中由矛盾和事件引起的情绪反应，能以乐观的态度、幽默的情趣及时缓解个体紧张的心

记下你的心得体会

理和情绪状态。

职场中的情绪管理指在工作环境中，有效识别、控制和表达自己的情绪，以及理解和处理他人的情绪，从而提高工作效率、减少压力和冲突。职场中的情绪管理包括自我意识、自我调节、社交意识和关系管理四个方面。在职场中，情绪管理对于个人和团队的成功都非常重要。

从以上的概念我们不难看出，情绪管理是一种能力，即对自己的情绪进行有意识的识别和调整，对他人情绪的识别与调整，对自己与他人关系、组织关系的理解、协调与控制的能力。

记下你的心得体会

职场中情绪管理的重要性

提高员工工作效率

研究发现，情绪管理能力强的人不仅能够更好地控制自己的情绪，与他人进行情绪互动，更好地解决问题和完成任务，还能提高个体的工作满意度和组织忠诚度。

情绪管理能力相对良好的员工，在工作中可以很好地管理和控制自己的情绪，识别和调控他人的情绪，在工作中实现自我激励，以积极的情绪完成工作任务，工作绩效较高；情绪管理能力相对较弱的员工，在工作中遇到挫折或困难的时候，由于情绪管理能力较弱导致工作绩效降低；不善于情绪管理的员工，在工作中会一直让自己处于持续的、负面的高压情绪状态下。研究表明，当脑长期处于一种负面的高压情绪状态时，负责接收信息的区域就会被切断，对于任何新的信息都会显得异常紧张，就像古人说的“草木皆兵”一样。

伴随着时代和企业的发展，新知识和新技术的引入对每一个员工都提出了新的挑战，对于每一个员工来说，压力是不可避免。如果员工缺少情绪管理能力，将压力造成的负面情绪带到工作中，无疑会影响员工对自身能力的评价，也容易让员工产生畏难心理，大大地影响员工的工作绩效和职业幸福感。

记下你的心得体会

【知识卡】

张飞之死——放纵情绪的恶果

张飞，三国时期蜀汉名将。他勇武过人，与关羽同称“万人敌”。张飞脾气暴躁，酒后经常鞭打兵卒，在阆中镇守期间，闻知关羽被害，旦夕号泣，血泪衣襟。诸位将领以酒劝解，张飞酒醉后，怒气更大。帐上帐下，只要兵卒有过失就鞭打他们，以至多有兵卒被张飞鞭打致死的。刘备知道后，就劝张飞，你鞭打兵卒，还让这些兵卒随你左右，早晚你要被害的。对待兵卒，平常应该宽容。

有一天，张飞下令军中，限三日内制办白旗白甲，三军挂孝伐吴。次日，帐下两员末将范疆、张达，入帐告诉张飞：“白旗白甲，一时无可措置，须宽限才可以。”张飞大怒，喝道：“我急着想报仇，恨不得明日便到逆贼之境，你们怎么敢违抗我作为将帅的命令！”就让武士把二人绑在树上，每人在背上鞭打五十下。打完之后，用手指着二人说：“明天一定要全部完备！如果违了期限，就杀你们两个人示众！”打得二人满口出血。二人回到营中商议。范疆说：“今日受了刑责，让我们怎么能够筹办？这个人性暴如火，如果明天置办不齐，你我都会被杀啊！”张达说：“与其他杀我，不如我杀他！”范疆说：“只是没有办法走近他。”张达说：“我两个如果不应当死，那么他就醉在床上，如果应当死，那么他就不醉好了。”二人商议停当。张飞这天夜里又喝得大醉，卧在帐中。范、张二人探知消息，初更时分，各怀利刀密入帐中，把张飞给杀了。

记下你的心得体会

提高员工的职业决策力

“理性人”的概念强调人是理性的存在，人可以通过理性控制自己的判断和选择。实际上，人的感受很大程度上会影响判断和决策。研究表明，良好的情绪管理有助于个体保持良好的决策能力，防止在高压力情况下作出冲动的决定。

有一项有趣的研究，通过压力测评问卷，将研究的参与者分为高压力组和低压力组。研究员让两组参与者分别观看一段视频。视频的内容是人们需要在很短时间内完成一项剧烈的运动。高压组参与者看了视频然后说：“我的天啊，这种短时间内剧烈运动带来的压力对人的身体是有害的，这根本完成不了！”低压组参与者说：“哇，看看压力是如何提高他们的表现的！”

这项研究得出的结论是，高压力组参与者和低压力组参与者对同一件事情的判断和评价出现了不一致，低压力组参与者面对挑战时，更加偏向积极方面，高压力组参与者面对同样的挑战时，更加偏向消极方面。同理，在企业中，具有良好情绪管理的员工，可以使自己的压力水平和情绪水平保持在较为适宜的水平，这使员工的判断水平更偏向积极方面。

大多数时候，我们都以为自己是理性的，却没有意识到，某些时刻我们的选择或者判断，很大程度上与当时的感受有关。积极的情绪或者消极的情绪都会对我们的选择或者判断产生影响。例如，当我们感到悲伤时，我们看待某项任务的时候往往持消极、悲观的态度，会放大这项任务的困难度；当我们感到非常愉快时，我们会带着探索欲和好奇心看待任务，面对困难我们也会觉得没问题，这非常简单。

记下你的心得体会

增强团队凝聚力

不良情绪管理能力影响团队的凝聚力，影响工作目标实现的效率。随着企业员工的知识化和专业化程度日益加深，企业中员工彼此间的依赖性逐渐增强。具有情绪管理能力较强的员工，不仅可以识别自己的情绪，还可以识别他人的情绪，甚至可以影响他人的情绪。在团队中，情绪管理能力较强的员工更容易得到其他同事的喜欢，可以更好地适应工作环境，并在员工之间建立广泛的协作关系。通过不断提高员工的情绪管理能力，可以进一步改进员工的工作方式，使员工在彼此配合、互相激励的环境中发挥其智慧才干和创造性，从而塑造出高情商、高凝聚力的工作团队。一项最新的研究发现，如果团队中有成员具备较高的情商，那么这个团队的整体凝聚力和工作效率都会相对较高。

记下你的心得体会

提高员工创造力和表现力

情绪（激情、好奇心）是创造过程的燃

料，但是决定创造过程成功与否的还是情绪管理技能。大多数员工都有梦想，也想要实现梦想，并具备实现梦想的认知和能力，然而只有较少部分的员工能够真正实现梦想。这些员工身上有一个共同的特性，即他们知道如何处理失望、压力、项目失败带来的挫折感，即知道如何管理自己的情绪。他们可以处理自己对业绩的焦虑，以及面临的困难，因此他们更能坚持，更有可能实现自己的梦想，在工作中更具有创造力和表现力。

促进员工身心健康

情绪可以影响员工的身体和心理的健康水平。适当（身体能承受）压力，可以唤醒员工的生理水平，让员工保持在比较集中和精力充沛的状态，提升员工工作效率。但是，如果员工长期处在一个持久的、连续的、慢性的压力状态，员工就会生病。临床上，压力状态导致的常见病症有焦虑（工作恐惧）、抑郁（工作倦怠、提不起劲）、应激（害怕）、惊恐等。短暂的、良性的压力，员工可以自动调节；长期的、慢性的、高强度

记下你的心得体会

记下你的心得体会

的压力，会使员工的身体负荷过重，不能自行调节，并且会出现各种身体和心理症状。

压力会影响情绪。但更重要的是，我们要重视与压力有关的焦虑、抑郁、应激和惊恐等不良心理反应。组织氛围会影响员工的压力感受，而员工的压力感受又会影响员工的健康，这一切是循环往复的。研究表明，如果员工在组织中可以体验到更多愉快的情绪，那么就可以缓冲压力带来的负面影响，促进员工身心健康。有一项研究进一步支持了这一观点，即那些在受灾之后感受到更多愉快情绪（感恩的、有希望的）的人，在应激事件后的五周，抑郁症状变得更少了。

情绪管理的相关理论

ABC 理论

ABC 理论是认知行为疗法的基础，由艾利斯（Albert Ellis）在 20 世纪 50 年代提出。ABC 理论假设，决定个体对事件的情绪反应（consequences）的，是个体对事件的感知（beliefs），而不是事件本身（activating events）。

ABC 理论是心理咨询和心理治疗领域的重要理论之一。艾利斯发现，个体的情绪和行为问题往往源自他们对事件的不合理的或消极的认知，而不是事件本身。基于这个理论，艾利斯开发一种名为理性情绪行为疗法（rational emotive behavior therapy，简称 REBT）的治疗方法。

ABC 理论可以用来帮助个人识别和挑战他们的不合理的或消极的认知。个体首先需要识别出导致问题的活动或事件（A），然后需要寻找事件背后的信念或认知（B），最后探索这些信念导致的情绪和行为反应（C）。一旦个体认识到这些不合理的或消极的信念，个人就可以挑战并改变它们，从而改变他们的情绪和行为反应。

记下你的心得体会

情感事件理论

情感事件理论（affective events theory，简称 AET）是人们评估和应对情感事件过程的理论。情感事件理论涉及人们如何理解和解释情感事件，以及如何应对和调节自己的情绪和情感体验。

情感事件理论源于社会心理学领域，由心理学家韦斯（Howard Weiss）和 克朗潘泽多（Russell Cropanzano）提出。最初来源于对工作满意度与情感关系的讨论，用情感事件理论研究组织中员工在工作时经历的情感事件、情感反应与员工的态度和行为之间的关系。

情感事件理论包括情感事件的评估和应对策略。（1）情感事件的评估：人们如何理解和解释情感事件的意义和影响。（2）应对策略：人们如何应对和调节自己的情绪和情感体验，包括积极应对和消极应对策略。

记下你的心得体会

【小贴士】

情感事件理论的使用方法

假设有一家科技公司正在扩张。随着业务的增长，该科技公司决定改变某些工作流程以提高工作效率。此项改变需要引入新的软件系统，员工因此需要接受培训才能熟练使用该软件系统。这个改变给员工带来了压力和不确定性。我们用情感事件理论来对这个过程进行评估。

第一，找到引起情绪的事件（评估情感事件）。工作流程的变化（工作事件）导致员工产生了一些强烈的负面情绪反应，包括恐惧（不熟悉新的软件系统，对于如何使用新的软件系统感到不确定）、挫败感（改变习惯的工作方式）和压力（担心不能快速适应新的软件系统）。

第二，情绪管理干预。根据情感事件理论，管理者开始寻找解决方案来处理这些负面情绪反应。首先，他们开了一系列的沟通会，解释为何需要引入新的软件系统（说明原因）；其次，强调公司会提供充足的培训和支持，帮助员工顺利过渡（给予支持）；再次，开设了一个匿名反馈渠道（安全开放的反馈环境），让员工能够表达他们的担忧和建议；最后，增设了一些激励措施，比如给快速掌握新的软件系统的员工一些奖励。

这些干预措施有效地缓解了员工负面情绪反应。随着时间的推移，员工逐渐适应了新的软件系统，工作满意度和绩效也有了显著的改善和提高。

这个案例说明，通过使用情感事件理论，管理者能够更好地理解和处理员工的负面情绪反应，进而改善员工的工作满意度，提高工作绩效。

小结

1. 职场中的情绪管理是指在工作环境中有效识别、控制和表达自己的情绪，以及理解和处理他人的情绪，从而提高工作效率、减少压力和冲突。职场中的情绪管理包括自我意识、自我调节、社交意识和关系管理四个方面。在职场中，情绪管理对于个人和团队的成功都非常重要。

2. 情绪管理在职场中起着至关重要的作用。有效的情绪管理有助于提高员工工作效率，提高员工的职业决策力，增强团队凝聚力，提高个体创造力和表现力，以及促进员工身心健康。

3. 情绪管理的相关理论包括 ABC 理论和情感事件理论。这两个理论为解释和干预职场中员工情绪，提高工作效率和员工工作满意度起到重要作用。

反思・实践・探究

刘衡（化名），35 岁，是某家外企工作人员，平时工作能力很强，但近期在工作中遇到了一些困难，领导突然派给刘衡以及他所在的团队一个非常重要且紧急的项目。这个项目非常艰巨，需要他们付出大量的时间和精力，而且需要在很短的时间内完成。刘衡作为团队的领导，承担的责任更大。为了项目能够快速有效推进，刘衡及其团队已经连续加班许多天。但是，在任务开始后不久，项目遇到了挫折，刘衡及其团队成员开始感到压力和焦虑。有的团队成员出现激动、暴躁等情绪，还有的团队成员出现了失眠、坐立不安、灾难化联想等症状。团队成员之间的关系也变得紧张，有的团队成员认为，这项任务根本没法在短时间内完成，怪自己运气不好，被分到这个团队；有的团队成员甚至认为这个团队和团队的成员的能力不行。

在一次例会上，刘衡提出了一个可以快速有效完成项目的新想法，但团队成员小李立即对其进行了批评和质疑。刘衡感到被小李的态度冒犯，觉得自己的努力没有得到认可，情绪和自尊心都受到了打击。刘衡在回应小李时也表现出一些敌对的情绪，抨击小李的想法和工作方式。这又引发了一场激烈的争论，团队成员情绪失控，彼此指责和争吵。这种由情绪问题引发的团队冲突损害了团队的合作氛围，使项目的进展受阻。

刘衡自己面对这样的状况也感到非常的焦虑和苦恼，甚至陷入自我怀疑的消极情绪中。

1. 结合案例，请说明刘衡在工作中遇到的主要工作挑战和情绪问题是什么。

2. 刘衡的情绪问题影响他在工作中的哪些表现？

3. 如果你是刘衡，你会如何识别自己的情绪，管理自己的情绪呢？

职场中情绪问题的共性与特性

【知识导图】

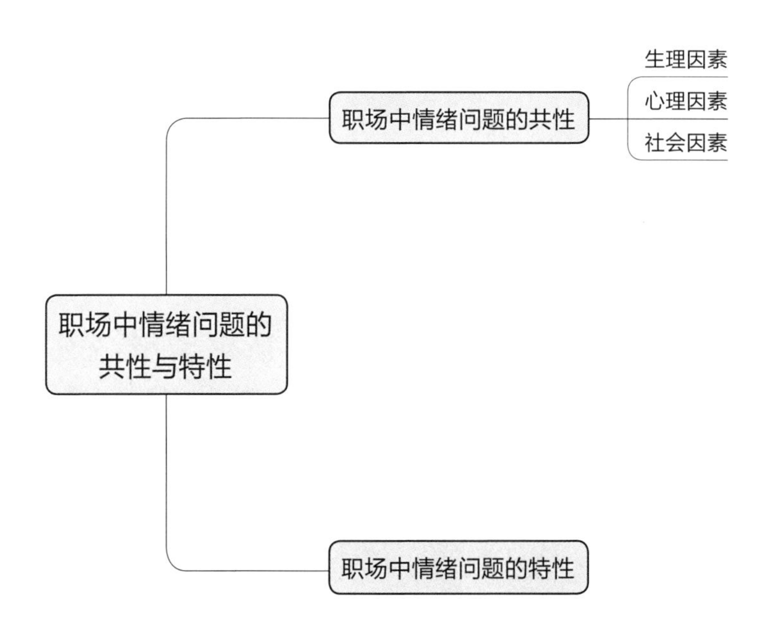

职场中情绪问题的共性

对职场中的员工进行情绪辅导之前，情绪管理师必须对员工的情绪问题及其影响因素有所了解，以便有针对性地开展干预工作。

一般来说，影响员工情绪的主要因素有生理因素、心理因素和社会因素。

生理因素

记下你的心得体会

一项对城市社区工作者心理健康水平的研究发现，在生活压力、工作压力和生理压力中，生理压力对心理健康的影响最大。因此，在进行企业员工情绪辅导时，情绪管理师有必要了解员工的生理情况，如员工的饮食、睡眠情况、作息规律等。通过收集员工的生理信息，评估员工的情绪状况和心理健康水平。

心理因素

有研究显示，人格因素、职业倦怠、心理资本缺失、缺乏应对方式等心理因素对员工的情绪有重要影响。这提示情绪管理师，在对员工开展情绪辅导之前，需要收集该员工的人格类型、社会压力来源，生活压力来源，以及应对方式等信息。

社会因素

随着时代的发展，生活节奏加快，社会赋予每个人的角色和期待越来越大，社会因素也成为影响员工心理健康的重要因素。

【知识卡】

情绪与健康的神经心理机制

情绪是日常生活的重要组成部分，与个体的心理健康和生理健康有着密切的联系，也对个体的生理和心理产生深远影响。

情绪与脑。情绪是由脑的多个区域共同参与生成的。例如，杏仁核和海马。这些区域在情绪处理和情绪反应中起关键作用。杏仁核参与情绪和情感的调控、学习和记忆；海马主要与记忆的形成和检索相关，特别是记忆与应激或恐惧相关的事件。

情绪对身体的影响。情绪对身体健康的影响通过多种生理机制实现。长期的压力和负面情绪可导致慢性疾病，如心脏病、高血压和糖尿病等。压力激素，如皮质醇和肾上腺素，会对人体的免疫系统功能产生影响。

情绪与心理健康。长期的负面情绪会导致个体出现各种心理健康问题，如焦虑症、抑郁症、失眠症等。这些问题会进一步加重个体身体疾病负担，形成恶性循环。

理解情绪与健康的神经心理机制后，就能认识到有效情绪管理对身心健康的重要性。认知行为疗法、冥想、正念等已经被证实是有效调节情绪、降低压力、提高生活质量的方法。

为什么职场中的压力感越来越大？第一，时代发展和技术更新的速度快。时代发展的速度快到这样一种程度，即人们必须不断更新知识，提高技能，才能跟得上时代发展的步伐，这给个体带来巨大的压力。第二，职业与家庭的双重期待。处于不同职业发展阶段的员工，压力也不相同。对于职场老人来说，在职场中，个体作为员工是团队的中坚力量，需要不断为团队贡献自己的聪明才干；在家庭中，个体作为赡养老人、抚育子女的“顶梁柱”，也要为家庭作贡献。事业和家庭的双重压力导致个体精神压力过大。对于刚入职的职场新人来说，一方面要面临职业适应的压力，另一方面要面临交友、婚恋等多重现实挑战，更容易引发心理失调，继而产生严重持久的情绪问题。第三，行业发展与人际关系挑战。随着行业的发展，行业对人才提出新的要求。不但要求人才具有专业性，还要求人与人之间相互配合。这涉及同行业不同职能部门的协调运作，要求员工具备专业素质的同时，还要善于处理人际关系，使得个人绩效的最大化、组织绩效最大化。此外，每个行业都面临同行之间关系、上下级之间关系处理和沟通的问题。

不同行业的员工都面临较大的工作压力，这是时代发展给员工带来的共同的问题。

职场中情绪辅导的一般主题，也就是员工因情绪问题产生的心理服务需求，包括以下七个方面。

记下你的心得体会

【知识卡】

因材施教

子路和冉有是孔子的学生。有一次，孔子讲完课，回到自己的书房，学生公西华给他端上一杯水。这时，子路匆匆走进来，大声向老师讨教："先生，如果我听到一种正确的主张，可以立刻去做吗？"孔子看了子路一眼，慢条斯理地说："总要问一下父亲和兄长吧，怎么能听到就去做呢？"子路刚出去，另一个学生冉有悄悄走到孔子面前，恭敬地问："先生，我要是听到正确的主张应该立刻去做吗？"孔子马上回答："对，应该立刻实行。"冉有走后，公西华奇怪地问："先生，一样的问题你的回答怎么相反呢？"孔子笑了笑说："冉有性格谦逊，办事犹豫不决，所以我鼓励他临事果断。但子路逞强好胜，办事不周全，所以我就劝他遇事多听取别人意见，三思而行。"

作为情绪管理师，也应当掌握"因材施教"的精髓，准确把握不同职业不同人群职场情绪特点的共性与个性，对不同的职业人群采取不同的办法，才能做到"事半功倍"！

第一，情绪管理和情绪调节。帮助员工认识和理解自己的情绪，并提供管理和调节情绪的技巧和策略，以应对职场压力和挑战。

第二，压力管理与时间管理。教授员工应对工作压力的方法和技巧，包括管理时间、设置优先级、有效分配任务和自我调节等，以提高员工的工作效率，减轻员工的工作压力。

第三，解决冲突和处理人际关系。培养员工解决冲突的技巧和沟通技巧，帮助员工处理与同事、上级或下属之间的人际冲突，建立积极有效的人际关系。

第四，自我意识和自我认知。引导员工了解自己的价值观、优势和目标，帮助他们发现个人发展的方向，并增强自我意识和自信心。

第五，职业倦怠和动力激励。帮助员工识别职业倦怠的迹象，并提供恢复工作动力和热情的策略，包括设定目标、自我激励、提升工作满意度等。

第六，职业生涯规划。支持员工规划和发展职业规划，包括设定职业目标、探索职

记下你的心得体会

业选择、提升职业技能和辅导专业知识等。

第七，自我管理和情绪智商。培养员工的自我管理能力和情绪智商，以更好地应对职场挑战，包括识别情绪、表达情绪、调节情绪调节和管理人际关系等。

【小贴士】

职场中情绪辅导的必要条件

1. 情绪管理师需要确定员工目前的状态是可以自主控制自己的行为，可以以正常的方式与外界沟通，并可以对自己的行为负责。

2. 保密和信任。情绪管理师需要建立一个安全和保密的环境，员工需要相信情绪辅导员能够保护他们的隐私，信任情绪辅导员。

3. 尊重多样性。情绪管理师需要尊重员工的感受和观点，认可多样性，并避免批判或歧视员工。

4. 建立良好的工作关系。情绪管理师的成功需要建立在与员工良好的工作关系上，情绪辅导员和员工之间需要在信任的基础上互动。

5. 专业知识和技能。情绪管理师需要具备相关的情绪调节的专业知识和技能，以便有效地理解和应对员工的情绪问题。

6. 持续支持和跟进。情绪调节是一个持续的过程，情绪管理师需要为员工提供持续的支持，并定期跟进，了解员工的情绪状态和情绪调节进展。

记下你的心得体会

职场中情绪问题的特性

员工出现情绪问题可能有共同的来源，也可能有相似的情绪表现，但是不同行业的员工，面临各自独特的压力和情绪挑战。

在容错率较低的医疗行业、化工行业、电力行业等，任何一个环节出错，都会导致非常严重的后果，因此这些行业标准高，在该行业工作的员工的情绪问题主要来自心理压力较大、工作时间长、情绪压力大、面临生死、需要作出复杂的决策等。

警察行业、建筑行业、旅游行业、运输行业等，常年在外奔跑，陪伴家人的时间很少，常常无法照顾家庭，容易影响夫妻关系和亲子关系，该行业的员工容易出现对家人的愧疚。

与其他行业相比，大部分的服务行业工作负荷大。服务行业的员工可能面临的挑战包括：与人交往的压力、长时间工作的压力，以及处理顾客投诉等问题的压力，且服务行业收入较低，容易让人导致自卑心理和沮丧的情绪问题。

公务员行业面临的问题主要是职业倦怠感。虽然公务员朝九晚五，上班规律，但公务员面临高压的工作环境、激烈的职场竞争、工作与生活平衡等问题，需要及时感知政策和法规的变化，处理复杂的人际关系，且公务员的晋升和薪资较为固定，缺乏奖励机制，这让公务员容易产生职业倦怠感。

总体来说，不同的职业面临着不同程度的工作挑战和情绪问题，每个职业面临的具体问题不同，对情绪也产生不同的影响。医生的工作容错率低，医患关系紧张，容易发生暴力伤医事件，这让医生产生较大的心理负担；教师更多面临的是自我价值的实现问题，以及担心、焦虑学生安全等；警察行业需要面临更多身体和心灵的创伤，以及难以长时间陪伴家人的愧疚感。

职场中的情绪问题有着共性与特性，情绪管理师在处理不同职业员工的情绪问题时，应在共性中找到特性，即找到影响该员工情绪的特殊因素，帮助该员工识别、理解和应对自己及他人的情绪，发现自己期待的目标，促进员工情绪发生改变。在这个过程中，情绪管理师应选择自己擅长且与情绪问题匹配的咨询技术，进行有针对性的干预，这也是较为关键的。

小结

1. 一般来说，影响员工情绪的主要因素有生理因素、心理因素、社会因素。

2. 职场中情绪辅导的一般主题，也就是员工因情绪问题产生的心理服务需求，包括七个方面：情绪管理和情绪调节、压力管理与时间管理、解决冲突和处理人际关系、自我意识和自我认知、职业倦怠和动力激励、职业生涯规划、自我管理和情绪智商。情绪辅导之前，情绪管理师需要确定员工目前的状态是可以自主控制自己行为、可以以正常的方式与外界沟通并可以对自己的行为负责的。

3. 员工出现情绪问题可能有共同的来源，也可能有相似的情绪表现，但是不同行业的员工，面临各自独特的压力和情绪挑战。

4. 情绪管理师对员工进行情绪辅导时，要在共性中找到特性，选择自己擅长且与情绪问题匹配的咨询技术，进行有针对性的干预。

反思·实践·探究

小华是一名大学毕业生，她怀着憧憬和期待步入职场，开始了她的职业生涯。小华的第一份工作是在一家广告公司的市场部做实习生。工作中，她需要每天应对紧迫的项目和繁忙的工作时间表。她经常需要在短时间内产生创意并迅速执行。这种高强度的工作环境让她感到压力很大，需要不断调节自己的情绪以保持创造力。小华觉得这样的工作环境压力好大，发现自己的觉都不够睡，她决定找她的两位好朋友聊一聊。

小李是小华的好朋友，是某家三甲医院的护士。小张也是小华的好朋友，是一名教师。当小华向她们倾诉自己的工作感受和处境后，小李说："对啊，工作好累啊！我的工作还需要倒班，我在医院每天都必须很仔细，不允许自己出现任何错误，我还得经常面对患者的痛苦，需要在紧急情况下保持冷静和专业。有一次，我们医院来了一名患者，遵医嘱抽血检查的时候，那位患者情绪很激动，一直不配合抽血，家属着急，请我们医护想办法，我必须处理患者和家属的情绪，把他们安抚好后，请同事一起帮忙，才把那位患者的血抽了。我还是羡慕你们，尤其是小张，在学校里面当老师，环境轻松，还有寒暑假。”

小张说：“我只是看起来轻松，每天看似下班，实际上下班后还是需要不断处理学生的问题。学生乖一些的还好，要是遇到调皮的，你得看得紧些，万一弄点事出来，还得面对家长的责问。平时我们必须管理学生的情绪和行为，同时满足家长对教育质量和学生成绩的期望。我自己都快出现情绪问题了，还得处理学生的各种情绪问题，包括沮丧和注意力不集中等。不要羡慕我，咱们都差不多。”

在这个案例中，小华、小李和小张展示了不同职业面临的不同挑战和情绪问题。广告行业要求高效创意和时间管理；医疗行业需要处理患者的痛苦和情绪，容错率低；教育行业不仅需要为学生安全和心理健康负责，还要满足家长对孩子成绩的期待。

1. 结合案例，请说明小华以及她的两个朋友在职场中遇到了什么样的工作挑战和情绪问题。

2. 请说明案例中三种情绪问题的共性与特性。

3. 身为情绪管理师，在为这三种职业的员工提供情绪辅导时，侧重点分别是什么?

自我情绪的识别与应对

【知识导图】

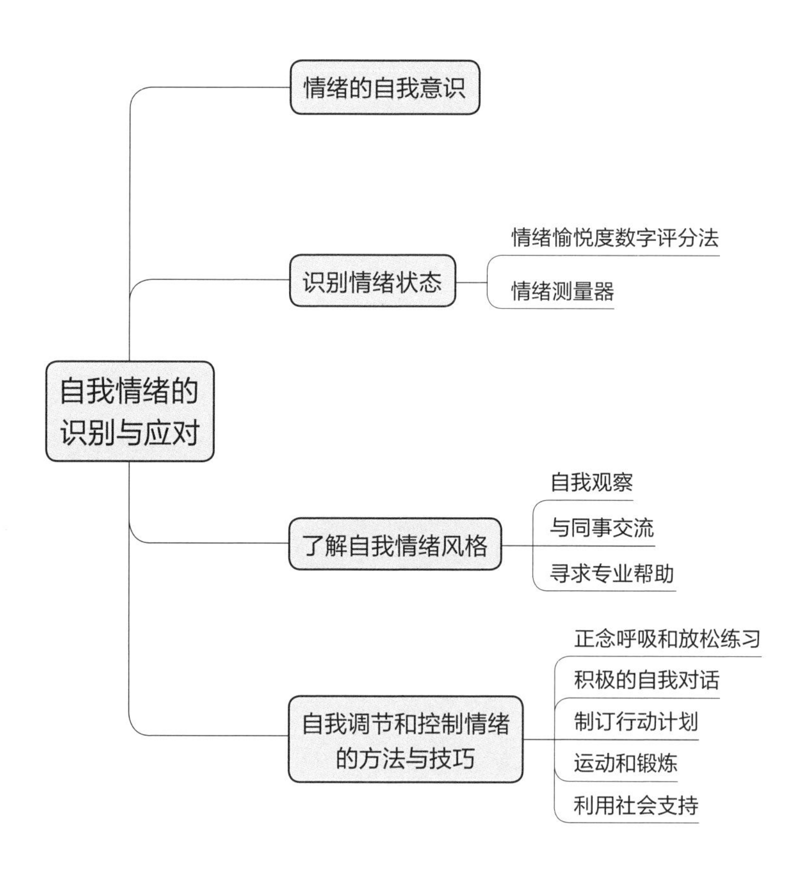
自我情绪的识别与应对
情绪的自我意识
识别情绪状态
情绪愉悦度数字评分法
情绪测量器
了解自我情绪风格
自我观察
与同事交流
寻求专业帮助
自我调节和控制情绪的方法与技巧
正念呼吸和放松练习
积极的自我对话
制订行动计划
运动和锻炼
利用社会支持

情绪的自我意识

自我意识是人类的本质特征之一，是人类能够思考、推理和判断的基础。

——亚里士多德

笛卡尔认为，“我思故我在”，只有意识到自己存在的人才真正存在。

弗洛伊德认为，自我意识是由个人经验和社会环境共同塑造的，是人类心理发展的重要阶段之一。

在心理学中，自我意识是指人们对自己的存在和特征的认知和理解。它包括对自己身体、思维、情感和行为的观察和反思，以及对他人对自己的看法和评价的意识。

自我意识是人类高级认知功能的一部分，可以帮助我们更好地了解自己，包括自己的目标、动机、价值观和信念等。通过自我意识，我们可以更好地控制自己的行为，作出符合自己利益的决策，管理好自己的情感，并与他人进行有效的交流和互动。

记下你的心得体会

自我意识是通过自我反思获得的，自我反思是“个人关注和评估其内部状态和行为的程度”。自我反思是一个旨在减少个人偏见的深思熟虑的过程。自我意识为自我反思提供了时间和空间，让个体评估过去的感受、行为及其后果，并重新考虑先前的信念和想法，以培养对未来反应的觉察能力。自我意识创造了一个成长和发展的空间，增加了个体对自我以及他人情绪的洞察，促进幸福感和生活满意度。

【知识卡】

罗杰斯

罗杰斯（Carl Rogers）是20世纪最有影响力的心理学家之一，是人本主义心理学的创始人，并提出了一种以患者为中心的心理治疗方法。

在罗杰斯的理论中，“自我”被视为一个人对自己的感知和认知，这种感知和认知是通过个人经验和与他人的互动塑造的。罗杰斯强调个体的主观经验和自我理解，以及自我和自我理想之间的关系。

根据罗杰斯的理论，人都有一种内在的驱力，即自我实现的倾向。每个人都有向着自己的潜能全力以赴的倾向，这是一种生长、实现和改进的过程。然而，社会和环境的压力可能会阻碍个体的自我实现。

罗杰斯特别强调无条件积极关注在心理治疗中的重要性。无条件积极关注意味着接纳和尊重他人。罗杰斯认为，如果一个人在成长过程中获得无条件积极关注，那么他更有可能实现自我；如果一个人只获得有条件的积极关注（即只有在满足某些条件时才被接纳或尊重），那么他将更有可能形成不健康的自我概念，甚至可能产生心理问题。

情绪的自我意识是指一个人能够意识到自己正在经历某种情绪，并且能够理解这种情绪的原因和影响。情绪的自我意识可以帮助人们更好地管理自己的情绪，并作出更明智的决策。

情绪的自我意识是一种重要性的能力，对个体的工作和生活具有重要的意义。第一，情绪的自我意识可以帮助个体更好地管理情绪。了解自己的情绪状态和情绪反应，可以帮助个体更好地管理自己的情绪，避免过度情绪化和情绪失控。第二，情绪的自我意识可以促进个体自我成长。通过了解自己的情绪表达方式，可以使个体更好地认识自己的个性和行为模式，从而促进自我成长和发展。第三，情绪的自我意识可以改善人际关系。情绪的自我意识还可以帮助个体更好地理解他人的情感体验，从而改善人际关系。第四，情绪的自我意识可以提高个体的工作效率。在职场中，情绪的自我意识可以帮助个体更好地应对工作压力和挑战，提高工作效率和成就感。第五，情绪的自我意识可以改善个体的身心健康。情绪的自我意识可以帮助个体更好地应对压力和负面情绪，从而改善身心健康。

识别情绪状态

借助评估工具，我们可以识别个体的情绪状态。

情绪愉悦度数字评分法

情绪愉悦度数字评分法也被称为主观愉悦度评分，是一种常用的情绪评估方法。通常用 0—10 的数字来表示个体的情绪体验（如图 1 所示）。数值越低，表示该情绪的强度越低；数值越高，表示该情绪的强度越高。例如，小李现在感觉比较愉悦，强度值是 7 分，或者小李现在非常焦虑，强度值是 8 分。情绪管理师可以借助情绪愉悦度数字评分法帮助员工觉察自我的情绪状态。

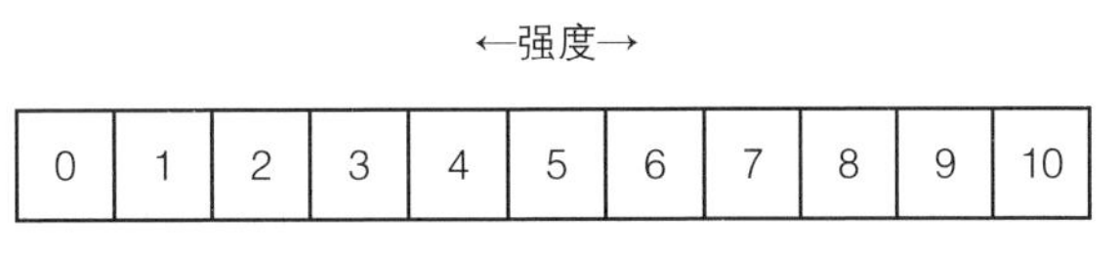

图 1　情绪愉悦度评分法的强度等级

在日常生活中，你可以用情绪愉悦度数字评分法评估你的情绪状态。

每天上班前或在上班的路上，你可以花几分钟时间思考一下自己的情绪状态，并用 0—10 的数字给自己此时此刻的情绪状态评分。例如，今天早上我处于愉悦的情绪状

记下你的心得体会

态，分数为 7 分。我认为，今天我的工作状态是充满激情的，我愿意与其他同事共事和交流。

在工作中，当你的方案被领导驳回，你需要继续修改时，请你停下来，思考一下此时你的情绪状态如何，并用 0—10 的数字给自己此时此刻的情绪状态评分。例如，你可能认为，我此刻感到有些不开心，分数为 4 分。当同事发现你情绪不太好，过来安慰你并给你提出有效的建议后，你又感到有些愉悦，分数又变回 6 分。情绪愉悦度数字评分法可以让你更好地了解自己的情绪变化和情绪对工作的影响。

在工作结束时，你可以再次思考和记录自己的情绪状态，并与工作开始时的情绪评分进行比较，以便更好地了解自己在工作中经历的情绪变化和情绪对工作的影响。

通过情绪愉悦度数字评分法，我们可以更好地了解自己的情绪状态，采取适当的措施管理自己的情绪和行为，从而提高工作效率和幸福感。

记下你的心得体会

【小贴士】

情绪愉悦度数字评分法使用方法和步骤

第一步，描述情绪状态，找出你想要量化的具体情绪。比如，你可能想要量化焦虑、抑郁、生气、紧张等情绪。

第二步，量化情绪强度。你需要给这个情绪一个0—10的评分，数值越低，表示该情绪强度越低；数值越高，表示情绪强度越高。

第三步，记录和追踪评分。记录下你的评分，并在接下来的一段时间内持续追踪这个情绪的评分，这可以帮助你看到情绪随时间的变化。

例如，李先生，银行员工，男性，30岁，他的主要工作职责是每天在柜台为不同客户提供好的服务。然而，李先生有一个问题，他在与客户交流时常常感到非常紧张，这种紧张感在最糟糕的时候几乎让他无法完成他的工作。

情绪管理师可以用情绪愉悦度数字评分法帮助李先生将自己的紧张感量化。请李先生在一个普通的工作日，给自己的紧张感一个评分，比如5（中等强度的紧张感）。当需要处理一个客户的复杂问题时，李先生感到非常紧张。这时，李先生可能会给自己的紧张感一个更高的评分，比如 8（很强的紧张感）。

请李先生记录下这两个评分，并在接下来的几周或几个月内，持续追踪他的紧张感。之后，情绪管理师引导李先生观察和评估，他的紧张感是如何随时间变化的，哪些情况会让他的紧张感增加，哪些策略可以帮助他降低紧张感。

这种自我观察和量化的过程，可以帮助李先生更好地理解和管理自己的情绪。

情绪测量器

情绪测量器是由美国耶鲁大学情绪研究中心创建的一种培养情绪智力的方法。情绪测量器的英文是 RULER，由 recognizing、understanding、labeling、expressing 和 regulating 这五个单词的大写首字母构成，分别代表“识别”“理解”“标签”“表达”和“调节”的意思，这也是情绪测量器运行的五个步骤，这五个步骤描述了个体对情绪的完整处理过程。情绪测量器是一种识别和理解情绪的工具，它帮我们理解，所有情绪都是可以接受的，它旨在帮助我们学会识别我们自己和他人的情绪，并制订调节或管理这些情绪的策略。它为我们提供了一种谈论我们感受的语言。

情绪测量器可以用于分析、跟踪和监测情绪。情绪测量器分为四个象限，每个象限代表一组不同的感受（如图 2 所示）。

左上象限代表：易怒、惊慌、失意、紧张、担心、狂怒、排挤等。左下象限代表：阴沉、低落、失望、无奈、绝望、孤独、沮丧等。右下象限代表：平静、自在、悠闲、平和、宁静、舒服等。右上象限代表：愉快、快乐、有希望、专注、乐观、骄傲、活泼、顽皮、兴奋等。

记下你的心得体会

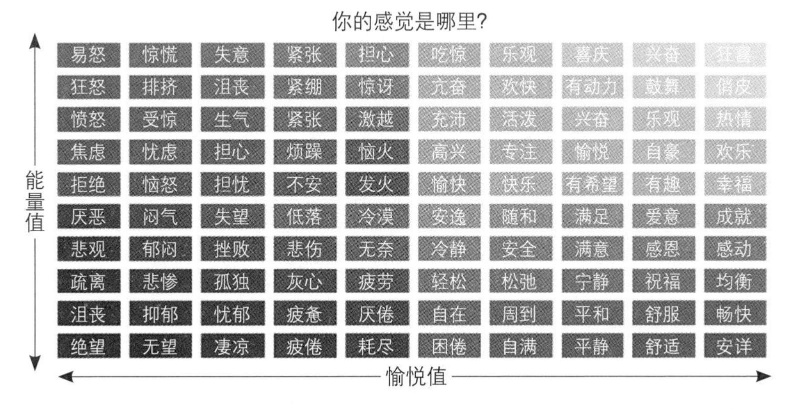

图 2　情绪测量器

图片来源：耶鲁大学情绪中心情绪测量器

X 轴（横轴）代表愉悦值，越往右边，代表情绪愉悦度越高；Y 轴（纵轴）代表能量值（体力和精神能量），越往上面，表示个体的能量值越高。

小王是一名公交车司机，每当遇到上下班高峰，车流量巨大，踩刹车便成了他的一个高频的动作。然而，如果遇到不讲理的乘客，踩刹车就会让乘客感到不满。因此，每到上下班高峰期，小王就会出现明显的紧张和焦虑情绪，还常伴有心跳加速、手心出汗等症状。

如何运用情绪测量器?

第一，识别。观察自己和他人的情绪线索，包括面部表情、身体反应和语音语调。小王在驾驶过程中感到紧张和焦虑，心跳加速，手心出汗，这些身体反应是他紧张、焦虑情绪的反应。小王要在 RULER 情绪测量器上找到自己的情绪，并将其标识出来。

第二，理解。理解情绪可能的原因和后果，用语言描述导致这种情绪的原因，包括情绪对思维和行为的影响。小王意识到他的紧张和焦虑可能是由上下班高峰期路况复杂和乘客行为无礼引起的，他知道这些紧张和焦虑的情绪可能会影响他的驾驶能力和对乘客的服务态度，出现躯体反应（例如，心慌、胸闷、头疼、头晕等），导致行为方式消极，具有攻击性。

第三，标签。小王要给自己的情绪贴上标签，准确地描述自己的情绪状态。例如，小王可以给他的情绪贴上“焦虑”和“沮丧”的标签，这些标签可以帮助小王更好地理解和处理自己的情绪。

第四，表达。表达情绪，无论是通过言语的方式，还是非言语的方式。例如，小王可以与自己的亲人、他的同事或主管分享他的感受，以“我”开头，可以说：“我今天感到非常焦虑和沮丧，因为路况复杂，乘客的行为也很无礼。”

第五，调节。调节和管理情绪，包括应对负面情绪和培养正面情绪。例如，小王可以通过呼吸练习或思维转换（例如，积极自我对话）等技巧减轻自己的紧张和焦虑，他也可以提醒自己，那些无礼的乘客只是少数，大多数乘客是友好和尊重的。

情绪测量器可以进一步帮助个体识别自己和他人的情绪，理解情绪产生的原因，并准确标记情绪，并帮助我们有效地表达和调节情绪。

【知识卡】

情绪检测器的发展与运用

提起情绪检测器，大多数人可能感觉比较陌生。然而，语音情绪检测器已经在我们日常生活中广泛应用。所谓语音情绪检测器，就是通过语音检测系统检测人的情绪。当客户服务人员给你打电话时，你经常会听到这样的提示："为保证服务质量，你的通话可能会被录音。"实际上，除了利用相关的语音识别系统识别一些敏感词，以检测情绪激动的对话外，除了特殊情况，并没有人真的去听这个录音。语音情绪识别系统在银行、证券、保险、电信等行业普遍存在。

测量情绪的想法最早是由美国麻省理工学院计算机科学家皮卡德（Rosalind Picard）在20世纪90年代中期提出的。皮卡德认为，可以利用计算机强大的储存、搜索和运算能力，计算和分析与情感相关的外在表现，如面部表情、心跳速率、皮肤温度等生理特征。皮卡德在1997年出版的《情绪计算》一书指出，如果用计算机系统了解用户的感受，那么就可以为用户提供更贴心的服务。例如，在智能教育领域，利用教学软件检测和分析学生的情绪，如果检测到学生在学习过程中出现费力的情绪状态，就可以通知老师，放慢教学的进度并给学生进一步的帮助。

今天，智能化的情绪检测器可以“穿”在身上。这样可以采集更多的生理方面的数据，如测量人们的心跳次数、呼吸频率和皮肤导电率。可穿戴式情绪探测器可以帮助人们找到那些令自己情绪糟糕的时刻，也可以帮助人们了解自己的情绪，同时也方便人们与他人交流。

研究人员还开发出一种情绪检测器，在检测“假痛”方面表现得非常出色。在鉴别“真假疼痛”的“人机大战”中，情绪检测器以88%的准确率取得了绝对的胜利，而人类检测的准确率只有49%，可以说完全处于随机水平。情绪检测器鉴别“真假疼痛”非常有用。很多人都有这样的经历，自己觉得身体不舒服，可是去医院检查却没有查出任何器质性病变。有了鉴别“真假疼痛”的可穿戴装置，就会减少疑病的情况。此外，研究人员还可以用情绪检测器识别止痛片的药效。

了解自我情绪风格

了解自我情绪风格对于职场员工和团队非常重要。只有充分了解自我情绪风格和应对情绪的策略，看到自己平时的情绪状态，才能分析利弊，改善情绪。

以下三种方法可以有效地帮助个体了解自我情绪风格和应对情绪的策略。

自我观察

观察自己在不同情境中的情绪反应，记录并分析，可以借助上文提及的情绪检测器，发现你在工作环境中遇到压力事件，以及自己更容易产生什么情绪，又是如何应对情绪的。记录情绪日志（见表 1）并定期总

记下你的心得体会

表 1　情绪日志

今天的情绪状态	6 分 *
事　件	临时修改文件
地　点	公司
人	领导
应对方式	骂骂咧咧地完成
缓解方式 / 情绪强度	深呼吸 /5 分

* 利用情绪愉悦度数字评分法为自己的情绪状态打分

结，这可以帮助个体了解自己的情绪状态变化情况，自己对某事的态度和应对模式。

与同事交流

与信任的同事交流，向他们请教，了解同事遇到压力事件时常规的情绪表现和情绪状态，以及应对策略。询问他们对你的情绪反应和应对情绪策略的看法。同事可能会为你提供有用的反馈和建议，帮助你了解你自己的情绪风格。

记下你的心得体会

寻求专业帮助

如果你感到自己无法有效处理自己的情绪，或者你的情绪反应严重影响了你的生活和工作，请考虑寻求专业帮助。请专业人员来对你的情绪风格进行专业的评估。

自我调节和控制情绪的方法与技巧

正念呼吸和放松练习

通过正念呼吸和放松练习减轻你身体紧

张和焦虑的情绪，帮助自己平静下来。

当你感到焦虑、紧张或心跳过速时，试着正念呼吸，深深地吸气、呼气……循环反复。研究表明，大量的氧气会让脑中的化学物质发生变化，让个体可以清晰思考压力对行动的影响，缓慢的呼吸可以放松身心，帮助个体慢慢恢复平静状态，并开始解决问题。

正念呼吸是一种以正念为基础的呼吸练习，可以帮助人们通过专注呼吸实现放松和冥想的效果。正念呼吸可以影响脑神经网络，从而产生一系列的生理和心理效应。研究表明，正念呼吸可以激活前额叶和扣带回等脑区，这些脑区与注意力、情绪调节和自我意识等认知功能有关。正念呼吸还可以调节下丘脑–垂体–肾上腺轴，从而减少应激激素的分泌，降低压力和焦虑。

正念呼吸是一种有意识的呼吸。正念呼吸不是传统意义上的宗教修行，因为不管个体是否有宗教信仰，都可以进行正念呼吸。

正念呼吸在任何地点任何时间都可以进行，没有规定一定要焦虑和紧张状态时才能

记下你的心得体会

用。事实上，正念呼吸可以帮助我们有意识地体会当下的感觉，帮助我们真正感受当下的状态，进而帮助我们觉察和接受我们当下的全部经历。

正念呼吸时，没有所谓的正确的身体姿势，不一定要躺下或者双腿交叉做好，双手也不一定要放在膝盖上。你可以选择自己舒服的方式专注地进行正念呼吸，就像平时呼吸一样，只是这时你在舒服的姿势下更关注自己的呼吸状态。

当你慢慢地呼吸到更多氧气而渐趋平静时，你可以在感受每一次呼吸时，都说一个属于自己的正念句子。例如，在呼吸的过程中，你清楚地注意到呼吸时你胸腔的起伏变化，伴随着每一次的呼气和吸气，你告诉自己："我的身体越来越有能量，我的身体和心灵也越来越舒适、安全。伴随着每一次呼气，我的身体越来越轻松，越来越平静。"

记下你的心得体会

【小贴士】

正念呼吸的方法

正念呼吸是一种冥想练习，旨在通过专注呼吸减少负面情绪和压力。

正念呼吸强调将注意力集中在呼吸上，以帮助个体保持专注和放松。

正念呼吸的具体操作方法：

1. 找一个安静的地方，坐下来，保持舒适的姿势。
2. 将注意力集中在呼吸上，观察每一次呼吸时气流的流动。
3. 不要试图改变呼吸的节奏或深度，只是观察它。
4. 如果你的注意力开始漂移，不要责备自己，只需将注意力重新集中在呼吸上。
5. 练习 5—10 分钟，并逐渐延长时间。

积极的自我对话

可以通过积极的自我对话的方式改变自己的情绪状态。在职场中，好的情绪状态可以提高工作效率。

同事A：我的策划方案提交了两次，都被驳回了，或许我的方案太糟糕了，我真差劲。

同事B：凡事多往好处想，你的方案才被驳回两次，说明你的方案写得还不错。

同样是半杯水，消极的人更倾向说：“只剩下半杯水了，这可怎么办？”积极的人倾向说：“还好，还剩半杯水。”

同样一件事情，消极的人倾向于选择消极的自我对话，让人变得更焦虑也更有压力；而积极人倾向于选择积极的自我对话，让人变得更有动力去应对事件。

在临床心理学领域，研究人员关注作为一种情绪调节方式的自我对话作用，特别是负面的自我对话对抑郁、焦虑、社交恐惧等负面情绪的影响。当个体面临负面生活事件或压力时，负面的自我对话（如自我批判）会加重个体的负面情绪，而积极的自我对话（如自我激励）可以减轻个体的负面情绪。因此，自我对话对情绪具有一定的调节作用。研究显示，积极的自我对话不仅可以提

记下你的心得体会

高个体的精气神，增强个体的自信心，还可以帮助个体解决问题，发挥创造性思维，帮助个体处理挑战，减少个体的焦虑和压力。此外，少量研究探讨了自我对话对情绪智力的影响。研究表明，积极的自我对话对情绪智力的发展具有积极意义。

自我对话是个体与自我的对话，是个体与自己展开的讨论和对话，也许是自责的，也许是鼓励的，也许存在于脑中，也许被大声说出来，也许被个体意识到，也许个体全无察觉。自我对话就像背景音乐，个体已经习惯与它在一起。

想一下，你是如何和自己对话的？你看着镜中的自己，如果你获得了一个奖项，你会像对待朋友那样，给自己衷心的赞美吗？如果你犯错误了，你会像对待朋友那样，给自己大大的宽容吗？又或者，如果他人犯错误了，你是不是像对自己一样，对他人苛刻？现在请你再想一想：你下意识进行的自我对话是怎么样的？你对自己是宽容的还是苛刻的？你对待朋友又如何？花些时间写下自己的自我对话，然后进行比较和思考。

记下你的心得体会

记下你的心得体会

自我对话的内容通常源于小时候从对个体有重要影响的重要他人（例如，家人、老师、朋友）那里听到的内容。当你又快又准确地完成作业的时候，你的家人、老师也许会夸你聪明、努力。当你不小心把杯子打碎的时候，他们也许又说你是笨蛋，不够机灵或者太调皮。

直到成年后，你依然会从你的同事、领导那里得到对你的反馈。例如，工作中，你的同事可能认为你是一个好同事，你的下属可能认为你是一个可怕的、严厉的领导，你可能被认为是一个值得信赖的人。自我对话源于社会规范以及他人对你的能力、性别、性格等的评价。例如，优秀、有竞争力、有价值、聪明等。正是通过他人的反馈，个体才了解自己。

通过练习，个体逐渐意识到自我对话内容的来源，进而会尝试改变自我对话的内容和模式。然而，艰难的是，个体在改变自我对话的内容和模式时，要学会过滤信息，突破阻碍。

转变自我对话的内容和模式时，个体会

受到以下阻碍。

第一，大部人的自我对话是比较苛刻的。

如果与你对话的人是你的同事，你会宽容地对待他。当他受挫时，你会安慰他说:“没关系，你离成功又近了一步。”然而，如果与你对话的人是你自己，那么你可能会对自己说:“我怎么什么事都做不好，我就知道自己不行，我根本就不可能完成，我太幼稚了。”

不论是谁，我都希望你对自己要像你对你的朋友、家人和孩子一样宽容。我希望你在自我对话时能对自己说:“这确实是一个问题，但我想我能解决这个问题。加油！有志者事竟成！”

第二，带有偏差的消极自我对话内容和模式是自动的。

小林工作一天，身体困乏，准备下班后好好休息一下。然而，小林的领导突然交代一项临时任务，需要小林现在准备。现在的小林，不仅很累，还很紧张，想休息一会儿，晚一点再做，但又非常担心，怕自己做

记下你的心得体会

不完。在小林的脑中不断有一个声音对自己说："你不能休息，休息了就会做不好，你需要花更多的时间来思考，怎么样才能做得更好"。小林非常纠结，坐立不安。

小林知道积极的自我对话可以调节情绪，开始强迫自己进行积极的自我对话："我现在需要安静地休息一会儿，休息一会儿我就可以提高我的工作效率，我可以又快又好地在规定时间内完成。"但是，事实上，小林的脑子里还是不断自动冒出消极对话："我不能休息，休息了就没有时间来思考怎样才能做得更好，明天我就无法交差，领导就会生气……"这样的自动化的消极的自我对话内容会不断与积极的自我对话内容对抗，使小林不断怀疑自己现在的做法是否正确。

类似自我怀疑、灾难化的思维（担心最坏的结果）是改变自我对话的内容和模式过程中常常会出现的自动化的消极观念，这些自动化的消极观念会在个体意识不到的情况下自动出现。

第三，自动化的自我对话内容和模式让人难以察觉。

幸运的是，我们知道较多消极的自我对话源于婴幼儿时期对自己影响较大的人（例如，父母、兄弟姐妹）的负面评价。当个体的人格没有发展起来时，如果生命中的这些重要他人习惯于给予消极的、负面的评价，那么消极思维就会成为个体处理负面情绪的定向思维和惯性思维。当你试图改变的时候，这种自动化的负面的思维会不受控制地进入你的头脑。因此，明白在改变过程中自动对话内容和模式是难以觉察的，有利于个体调整思维模式，开展积极的自我对话。

脑是可塑的，脑可以形成新的神经元链接。这意味着个体可以通过学习新的自我对话内容和模式来管理自己的情绪，锻炼、完善脑神经元，使脑神经元形成新的链接，以便形成新的自动化的积极的自我对话。

综上，希望你可以像一个支持你的好朋友那样，亲切地鼓励自己，你对待自己会像对待朋友、同事那样宽容。希望你在改变的过程中，能够突破模式，促进健康的对话模式。

记下你的心得体会

【小贴士】

消极的自我对话转变成积极的自我对话

下面让我们进行一个将工作中的消极的自我对话转变为积极的自我对话的练习。

1. 消极的自我对话：当我犯错的时候，我心中经常会有一个声音大声地说："我真是个笨蛋！"积极的自我对话：人人都会犯错误，我可以从错误中学到什么？下次能做出什么改变呢？

2. 消极的自我对话：我的领导总会提一些让人难以短时间内实现的目标，有时我会对自己说："我没法在短时间内实现这个目标，领导真是个理想派，根本就是脱离实际。"积极的自我对话："我可以问，此时我做什么才能让我更接近这个目标，即完成那个可实现的部分。"

3. 消极的自我对话：在学校里，老师似乎对我有更高的要求，有时我会对自己说："我根本无法满足老师的要求。"积极的自我对话："我目前能做什么？我做我自己可以做的事。"

4. 消极的自我对话：当长期高负荷工作时，我常对自己说："我快被压垮了，我无法胜任工作，我无法满足我家庭的需求。"积极地自我对话："我是一个合格的员工、友爱的同事、忠诚的朋友、贴心的爱人。我正在尽力将事情做好，很多人重视我，欣赏我。最近我真的太忙了，我需要给自己一些时间，让自己休息一下。"

5. 消极的自我对话："我感到十分沮丧和崩溃，我根本没有办法完成这个项目，我简直分身乏术。"积极的自我对话："我现在有些沮丧和崩溃，这都是有原因的，我可以完成这个项目，只是我需要先关照一下自己，让自己尽可能平静一些，事情可以一件一件地做，先处理重要又紧急的事情，余下就是全力以赴，不想其他的事情。"

6. 消极的自我对话：当你感到迷茫的时候，你可能会说："完了，我根本不知道这样做的意义是什么，我看不到希望。"积极的自我对话："这种迷茫的感觉是正常的，大多数人在我这个年纪都会面临这样的问题，我可以先想一想，现在可以做些什么，一步一步来。虽然我现在还不知道答案，但是我相信我最终会找到答案，即使我犯错，我也可以反思并修正，我是一个值得别人尊敬的人。"

7. 消极的自我对话：当你的丈夫丢了工作时，你可能会说："我感到非常害怕和沮丧，我们怎么做什么都不对。"积极的自我对话：“这太可怕了，但好在我们身体健康，拥有彼此，我们会挺过去的。”

8. 消极的自我对话：“这个疫情什么才是个头？现在的一切我都无能为力，什么也做不了。”积极的自我对话：“很多事情不受我控制，但是我可以决定自己的选择，疫情期间，情况非同寻常。我要鼓励自己，一切都会过去的。”

消极的自我对话转化为积极的自我对话还有一个小技巧：将自己的名字放入对话中，有利于增强积极的自我对话的效果。例如，你可以说：“某某某（你自己的名字），积极一点，你可以的！”

积极的思考可以塑造脑，当脑记住了这种积极的状态，脑就能发挥巨大的作用。积极的自我对话是个体管理情绪的有力工具。研究表明，神经元与神经元的连接遵循“用进废退”的策略，当个体有意识地使用积极的自我对话，反复练习，多次强化，坚持一段时间，就会形成积极的自我对话神经元，而带有偏差的消极的自我对话神经元的连接就会慢慢消退。

制订行动计划

制订一个行动计划，可以确保“改变”真正发生。

如何制订行动计划？

首先，思考一下，你需要改变什么？你想到达到什么样的目的？

其次，列出你每天都要做的事。

再次，整理你每天都要做的事。例如，你每天在什么时间做这件事？在哪里做？可能会遇到哪些阻碍？什么时间你的阻碍最小或者你最有动力？

最后，综合考虑上述因素后，把行动计划变成一个可实现的文档，每天上班之前或者睡觉之前在自己的脑海中重复念三遍。

例如，你想要在工作中是一个情绪稳定和平和的人，你应该怎样制订行动计划？

1. 每天正式工作之前，我会检查自己的情绪，并且可以用正念呼吸调整自己的情绪，并对自己说：“我是一个情绪平和的人。”

2. 当我情绪低落时，我可以调节自己的情绪，让自己的工作变得更有效率。

3. 在与同事沟通方案时，我可以保持中立的状态，对事不对人。

4. 我是和善的，我经常会说鼓励自己的话。例如，我的方案很好，我的工作能力值得肯定，我是个很努力上进的人。

5. 我会在每天睡觉之前反复练习这样积极的自我对话，我喜欢这样的练习，这样的练习让我每天更好。

这样的行动计划是非常有效的，但每个人的需求不一样，可以根据自己的实际需要制订一个更加适合自己的行动计划。

运动和锻炼

运动和锻炼可以释放身体中的紧张情绪，帮助个体放松。运动和锻炼可以促使身体产生一系列的生理和心理效应，从而影响个体的情绪和心理状态。

心理健康和身体健康有紧密的关系。运动作为一种自然而直接的身体活动，对心理健康有显著影响。运动可以有效缓解压力，减少焦虑和抑郁症状，提升个体整体的情绪状态。

运动能够帮助个体应对压力。当个体运动和锻炼时，身体会释放内啡肽，这是一种可以使人感到快乐和平静的化学物质。规律的体育运动还可以增强脑的可塑性，促进神经生长因子的产生，有助于神经元的生成和发育，这对个体调节情绪、应对压力和预防心理问题有重要作用。此外，运动还可以改善个体的睡眠质量，进一步减少个体的压力感。

运动能够帮助个体缓解焦虑和抑郁症状。一项元分析显示，有氧运动和无氧运动都能显著减少焦虑和抑郁症状。这种缓解焦虑和抑郁症状的效果，不仅限于运动期间，即使在运动后，这种效果仍然存在。

运动能够帮助个体改善整体的情绪状态。个体运动和锻炼时，心率会升高，这有助于个体产生积极的情绪，如愉快和兴奋。此外，运动还可以增强个体的自尊和自信，这有利于改善个体的情绪状态。

实际上，运动已被广泛应用于心理疾病的预防和治疗。例如，研究显示，认知行为疗法和运动结合起来，可以有效改善个体抑郁和焦虑的情绪状态。

【小贴士】

运动与情绪健康的关系

运动是如何影响情绪的?

第一，促进神经递质的释放。运动可以促进多巴胺、去甲肾上腺素和血清素等神经递质的释放，这些神经递质与情绪调节和快感体验有关。

第二，降低应激激素的水平。运动可以减少应激激素的分泌，如肾上腺素和皮质醇等，这些应激激素与压力和焦虑有关。

第三，促进脑神经网络的重塑。运动可以促进脑神经网络的重塑，从而提高个体的认知和情绪调节能力。

如何设立运动计划

第一，运动前要进行热身活动，如慢跑、跳绳、拉伸等。热身活动可以提高身体温度，使肌肉和关节变得更加柔软，从而减少运动时受伤的风险。

第二，运动要适度，不要过度运动，以免引起身体不适。如果你是初学者，可以从轻度运动开始，逐渐增加运动强度和时间。

第三，每周保证150分钟以上中等强度的有氧运动，每次30—45分钟。同时每周进行2次以上力量训练，保持运动心率在最佳燃脂区间，每次持续30分钟左右，这对改善身体机能有很大帮助。

第四，运动后要进行放松活动，如慢跑、拉伸等。放松活动可以缓解肌肉酸痛和僵硬感，有助于恢复身体状态。

最重要的是，立刻行动起来，让你的运动计划变成现实，先完成，再完善！

利用社会支持

通过与他人交流，寻求社会支持来缓解自己的情绪压力。

社会支持是指个体面对压力、困境、挑战等情况时，从社会关系中获得各种形式的支持、帮助、鼓励和认可，包括情感支持、信息支持、实质支持和评价支持等。社会支持可以来自家人、朋友、同事、社区组织、政府机构等。社会支持对个体的身心健康、幸福感、适应能力和生活质量都有着重要的影响。

社会支持与自我幸福感之间有着密切的关系。研究表明，获得足够的社会支持可以提高个体的幸福感和心理健康水平，减少抑郁、焦虑等负面情绪的出现。社会支持可以帮助个体缓解压力、解决问题、增强自信心和自尊心，从而提高幸福感和生活满意度。此外，社会支持还可以增强个体的社交网络和人际关系，提高社会认同感和归属感，进一步提升个体的幸福感。

记下你的心得体会

如何在工作中建立较好的社会支持网络？

第一，与同事建立良好的关系。与同事建立良好的关系可以增加彼此之间的信任和合作，提高工作效率，同时也有助于在工作中获得情感和实质支持。

第二，积极参加公司组织的活动。参加公司组织的活动可以增加个体与同事之间的社交，扩大社交圈子，认识更多的同事，从而增加社会支持。

第三，寻求领导和同事的帮助。在工作中遇到问题时，可以主动向领导和同事寻求帮助和建议，这不仅可以解决问题，还能增加彼此之间的情感支持。

第四，参加行业协会和社团。参加行业协会和社团可以扩大你的行业社交圈子，结识更多同行业的人，从而增加社会支持。

第五，建立良好的沟通渠道。建立良好的沟通渠道可以让个体与同事之间保持良好的沟通和交流，及时解决问题，增加情感支持和信息支持。

通过以上五种方式建立较好的社会支持网络可以帮助个体更好地适应工作环境，提高工作效率和幸福感。

小结

1. 情绪的自我意识是指一个人能够意识到自己正在经历某种情绪，并且能够理解这种情绪的原因和影响。情绪的自我意识可以帮助人们更好地管理自己的情绪，并作出更明智的决策。

2. 情绪愉悦度数字评分法也称主观愉悦度评分，是一种常用的情绪评估方法。通常用 0—10 的数字来表示个体的情绪体验。数值越低，表示该情绪的强度越低；数值越高，表示该情绪的强度越高。

3. 了解自我情绪风格对于职场员工和团队非常重要。只有充分了解自我情绪风格和应对情绪的策略，看到自己平时的情绪状态，才能分析利弊，改善情绪。

4. 自我调节和控制情绪的方法与技巧包括五种：正念呼吸和放松练习、积极的自我对话、制订行动计划、运动和锻炼，以及利用社会支持。

反思·实践·探究

小明，38岁，男性，某企业的一名销售经理，工作能力很强，常常是销售冠军。临近月末，小明距离销售冠军的业绩目标还差一大截，任务非常艰巨。近一周，小明付出大量的时间和精力，但是结果不尽如人意。

近几天，小明只要听到要开销售会议，他就出现心跳加快、呼吸急促、手心出汗等生理反应。这些生理反应使他难以集中注意力，影响他的工作效率。小明在工作中变得犹豫不决、拖延和迟疑，花很长的时间思考和担忧，忽视了实际行动和决策的重要性。

小明在与同事和团队成员的交流中也遇到困难。由于小明情绪焦虑，常常变得急躁、易怒和不耐烦，对其他同事的意见和反馈过于敏感，更多感受的是其他同事的批评和攻击，与同事之间出现了摩擦，人际关系变得异常紧张。

因为工作上的种种情况，小明开始感到压力、焦虑和暴躁，甚至开始自我怀疑，怀疑自己是否适合销售行业，怀疑自己的能力。小明内心开始责怪领导制订的竞争机制，在与领导交流时感到紧张和不安，表现出过度谨慎和避免冲突的态度。

小明这样的焦虑和高压状态持续了两个多月，小明的情绪也越发暴躁，心慌，控制不住地发脾气，容易担心事情发展成最坏的结果，入睡困难，食欲变差甚至害怕与同事交流。小明逐渐陷入自我怀疑之中，脑中不断出现：“小明，你真的太糟糕了，这些事情都处理不好，做事情犹犹豫豫，人际关系太差了……”这样负面的自我评价，小明怎么也摆脱不了。小明很痛苦，又不知自己怎么了，也不知道该怎么办。

1. 结合案例，请指出小明意识和处理自己情绪问题的方法有哪些。小明应该怎么做？

2. 小明如何了解自己的情绪风格？

3. 正念呼吸的核心是什么？小明如何使用正念呼吸？

4. 小明有哪些消极的自我对话模式？如何将消极的自我对话改成积极的自我对话？

5. 积极的自我对话内容和模式改变过程中可能会遇到哪些阻碍？如何克服这些阻力？成功改变的关键在于什么？

6. 小明如何建立一个以“降低负面情绪、促进积极情绪”为主题的行动计划？需要考虑哪些因素？

他人情绪的识别与应对

【知识导图】

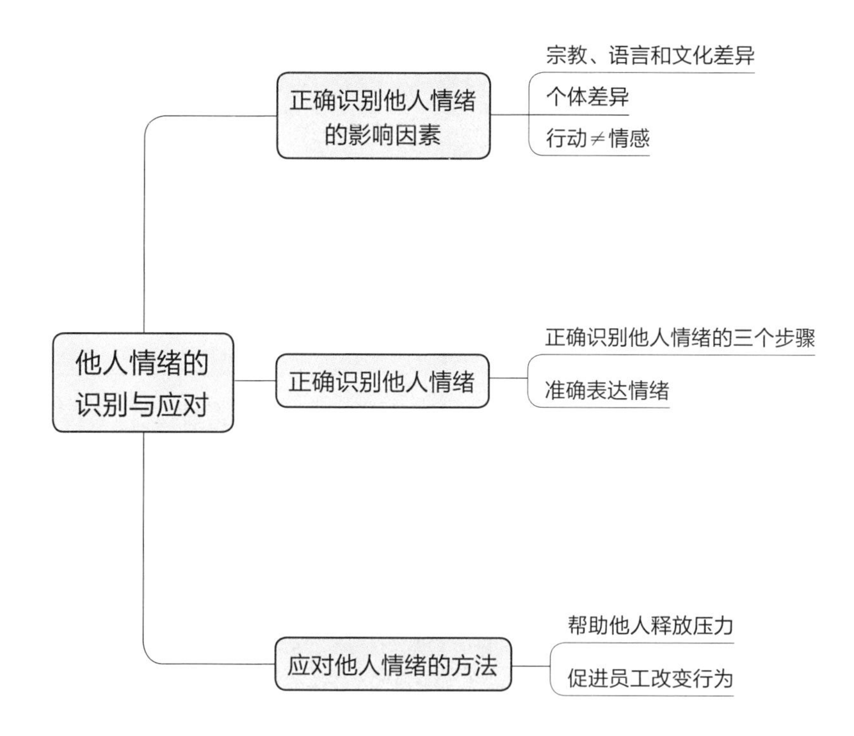
他人情绪的识别与应对
正确识别他人情绪的影响因素
宗教、语言和文化差异
个体差异
行动≠情感
正确识别他人情绪
正确识别他人情绪的三个步骤
准确表达情绪
应对他人情绪的方法
帮助他人释放压力
促进员工改变行为

识别他人情绪非常重要，因为识别他人情绪可以帮助我们更好地理解他人的感受和需求。当我们能够识别他人情绪时，我们便可以更好地与他人沟通和建立关系，避免冲突和误解。此外，对于那些从事与情感相关工作的人，如心理医生、社会工作者和教师来说，识别他人情绪也非常重要。

正确识别他人情绪的影响因素

宗教、语言和文化差异

宗教、语言和文化差异影响情绪的表达和识别。一些文化有更多的用来表达不同情绪和情感的词汇，而一些文化表达情绪和情感的词汇比较少。此外，文化规范、信仰和价值观也会影响一个人的情绪表达方式。例如，有些文化认为，当人们进行交谈时，看着对方的眼睛是尊重对方的意思，而有些文化则认为，与对方交谈时看着对方的眼睛是一种不礼貌的行为。心理学中有一个心理学效应叫作刻板印象。刻板印象是指人们对某一群体或个体的一种过度简化、片面化和不准确的看法或印象。文化的刻板印象通常是基于先入为主的观念，而不是基于客观事实和真实情况。刻板印象可能会直接导致我们歧视或不公正地对待某一文化或者某一族群的人。

小红，女性，29岁，是一家跨国公司的员工，刚入职一个月。她来自一个与公司主流文化和宗教背景不同的国家。尽管小红很优秀，但在入职这一个月里，小红发现自己经常被分配做一些琐碎和低级的工作任务，那些更重要、更有挑战的任务则被分给其他同事。小红认为，她的领导认为她的文化和宗教背景可能使她在特定领域缺乏专业知识或能力。小红的同事仅仅通过她的文化背景，就怀疑她的工作能力和可靠性。

他们可能将小红视为不同或异类，并对小红持有偏见和歧视。小红在职场中感到被孤立和排斥。由于小红的文化和宗教背景与主流群体不同，她可能在社交活动和团队聚会中被忽视或边缘化，这影响了她与同事建立良好的人际关系和合作。

在这个案例中可以发现，文化背景的刻板印象直接影响个体对他人能力的判断，而如果将这种文化刻板印象带到工作中，很容易让人产生先入为主的偏见，导致不能客观看待别人的能力。

个体差异

记下你的心得体会

有一天你因为工作上的事情感到愤怒和不公平，但一样的事情，也许你的同事并不会觉得愤怒和不公平。

同事A：领导为什么总是给小明那么多大项目？为什么给我的项目那么小？

同事B：我运气真好，领导没有给我安排大项目，不然我的压力可太大了，我会连着好多天没有假期。

现在请你想一想：让你觉得平静和安全的东西，也会让他人觉得平静和安全吗？让你觉得兴奋的东西，也会让他人觉得兴奋吗？同样，相同情况或者同一件事，可能会让一个人产生一种感觉，让另一个人产生另一种感觉。

例如，雷雨可能会让一个喜欢鬼故事的人非常兴奋，但是会让一个对声音敏感的人感到害怕和焦虑。过山车会让喜欢刺激的人感到兴奋，但是会让一个恐高的人感到恐惧和绝望。在高速公路上行驶，其他车对你按喇叭、用灯光闪你可能让你感到愤怒和暴躁，但其他人感受到的可能是疑惑和担心，会想我是不是开得太慢或者我出了什么错，他在提示我。

因此，人类的感受存在个体差异。

认知行为疗法（cognitive behavioral therapy，简称 CBT）五联表是用来挖掘认知、情绪和行为之间关系的工具（见表 2）。通过了解认知、情绪和行为之间的关系，不但可以帮助个体找出不健康的思维模式，并通过实践替换为更健康的想法，还可以帮助个体记下他人对事件的认知和情绪，以便更加深入地了解自己与他人的不同。

记下你的心得体会

表2 认知行为疗法五联表

日期	情 境	自动想法	情 绪	行动	证 据
情绪发生的日期	a. 引起不愉快情绪的事件 b. 引起不愉快情绪的思想或回忆	a. 记下情绪产生之前自动产生的想法 b. 评定自己对自动想法的相信程度（0%—100%）	a. 出现哪些情绪，如悲伤、焦虑等 b. 评定情绪强度（数字评分法0—100） c. 情绪伴随的身体感觉	a. 逃避 b. 拒绝	a. 寻找自动想法中不合理的证据 b. 评定自己对该证据的相信程度（0%—100%）

【小贴士】

使用认知行为疗法五联表的步骤

假设来求助的是一位项目经理李先生。最近在一个项目会议中，他的经理对李先生的报告提出了批评。以下是李先生使用认知行为疗法五联表的步骤。根据认知行为疗法五联表的项目，填写五联表。

第一，情境。“我的经理在项目会议中批评了我的报告。”

第二，自动想法。“我一直都做得不够好，我可能因此失去我的工作。”我对这个自动想法的相信程度是90%。

第三，情绪。我感到“焦虑”“害怕”。情绪强度为8分。伴随的身体感觉有心跳加快、手心出汗、肚子疼。

第四，行动。“避免与经理接触。”“工作上更加焦虑和小心翼翼。”

第五，证据。“我以前的表现总体上良好，我得到许多正面反馈，我的经理只是批评了这次报告，不是否定我个人或我所有工作。”对此，我的相信程度是98%。

在填写完五联表后，李先生能更清晰地看到自己的思维模式，以及可以反驳自己的自动思维的证据。通过挑战和改变这些自动思维，李先生可以减轻他的焦虑，提高他的工作效率和满意度。

行动≠情感

人们倾向于根据自身的经验和反应提出假设。当一件事让你感到愤怒时，你会认为这件事换别人，也会对这件事感到愤怒。

例如，在公司里，一位同事突然把东西摔地上了。

你的第一反应也许是，他生气了，可

能是他的策划书被领导驳回了。当你提出这样的假设时，你一定要对自己喊“停”。你想一下：自己是不是又开始先入为主地根据自己的经验提出假设了？请你暂停一下，再仔细考虑其他的可能性。例如，也许他刚刚与妻子吵架了，他觉得气愤又懊悔。也许刚刚领导临时给他安排了一个他不愿意做的工作，他觉得气愤又无奈。

“停一下”可以避免思维自动化，让个体有时间了解真实情况，避免主观臆断，减少误解，提高理解的准确性。

根据上面的案例，我们发现，“摔东西”这一个行为并不只是代表生气和愤怒，也可能代表懊悔、无奈等其他情绪。当你在日常生活中，看到你的恋人、爱人或者亲人正在哭泣，拿着纸巾抹眼泪时，你可能会怎么想？也许你会想：我做错了什么，让对方伤心了？也许你会认为，他或她刚刚看了一部感人的纪录片，被纪录片中的故事感动得哭了。你也可能认为，对方是在回忆过去美好的时光，幸福得哭了。同一个行动可以对应很多不同的情绪和情感。

记下你的心得体会

因此，我们要认识到，影响情绪的因素有很多，同一个行动可能代表不同的情绪和情感。平时在理解他人情绪时，要学会“停一下”，保持好奇心，避免先入为主。

【知识卡】

识别他人情绪——察言观色

察言观色指通过观察他人的言语和脸色来揣摩对方的心意。这个成语来源于《左传·昭公十年》。昭公十年，楚国的国君向晋国派遣使者请求援助以对抗其敌国。晋国的国君问晋国大夫屠岸贾的意见。屠岸贾说：“观其色，察其言，然后可知也。”（意思是，通过观察他的面色和细心听其言辞，就可以知道他的真实意图。）于是，“察言观色”就用以形容对别人的言语和神情进行细心的观察和推测。

这个故事表现了古代外交官需要具备的一项重要技能：观察和解读微小的表情信号，以了解对方的真实意图。

孔子也强调了观察和倾听的重要性，他教导学生要通过观察和倾听来学习和判断。例如，在《论语·里仁篇》中，孔子指出：“见贤思齐焉，见不贤而内自省也。”这句话意味着，当你看到贤能的人时，你就要想着向他们看齐；当你看到不贤能的人时，你就要反省自己做得怎么样。这体现了孔子教导原则中包含的细致观察和倾听的精神，强调通过观察和实践来获得知识，并通过与人交往来深化对道德和仁义的理解。

在复杂的人际交往中，察言观色是理解和判断对方的真实意图和情感的一种非常重要的技能。这一技能具有非常重要的价值。

正确识别他人情绪

不同人对情绪的识别和理解可能非常不一致，正确识别他人的情绪有一定的难度，识别不熟悉的人的情绪则更难。研究表明，人们对越熟悉、越相似、相处越久的人的情绪识别更加准确。如果你是一个敏感的人，那么你更能理解敏感的人的情绪。因此，准确识别他人情绪的关键在于保持好奇心，收集更多的信息。

正确识别他人情绪的三个步骤

正确识别他人情绪需要以下三个步骤：第一，保持好奇心和中立态度。识别他人的表情和身体语言（例如，微笑、皱眉和肢体动作等）时，你可以先假设对方的情绪，但是请你提醒自己，保持中立，保持好奇心，避免先入之见，这有助于正确识别他人情绪。第二，建立安全可信任的环境。建立一个让对方觉得安全可信任的环境，充分表达自己情绪。这时，你需要做的仍然是保持开放中立的态度，不批判、不判断。第三，专注倾听并给予适当的共情。专注倾听对方说的话，注意对方的言辞和语句，表达同理心，让对方知道你可以理解他的感受，表达你的支持和关心。

徐老师是一名高中老师。有一天徐老师发现，他的学生小梅的情绪有些异样。小梅，15 岁，一个青春期女孩子，目前就读于徐老师所在的当地一所较有名气的高中。小梅与爸爸、妈妈和弟弟住在当地小镇上。小梅的成绩一直很好，也非常听话，父母对小梅的期待也很高。有一天，徐老师发现小梅在晚自习时，把卷子狠狠摔在地上，之后坐在凳子上哭了起来。徐老师该怎么做？

赵经理是某市某一家银行的经理。有一次，他发现一向平静温和的员工小胡（30岁，男性）在工作中显得非常烦躁，对于客户提出的问题，小胡常常皱起眉头，生硬粗暴地回复。赵经理该如何应对？

记下你的心得体会

徐老师和赵经理都要先正确识别对方的情绪。通过对方的表情和肢体动作，推断对方当前的情绪状态。例如，小梅的情绪可能是愤怒、生气和悲伤。是不是因为考试没考好，对自己的成绩不满意？还是因为和妈妈吵架了，觉得自己身上背负爸爸妈妈沉重的期望？小胡的情绪可能是烦躁。是不是因为今天的客户年龄比较大，有点啰唆？

好的，我们先记住这些假设，然后回想正确识别他人情绪的第一个步骤，即保持好奇心和中立态度，避免个人的偏差。这时，尽量让对方自己讲出自己的故事，那么如何做到这个呢？

这就涉及正确识别他人情绪的第二个步骤，即建立安全可信任的环境。你必须建立一个让对方觉得安全或可以信任的环境。例如，身为老师，徐老师可以想一想，他现在做些什么可以让小梅觉得安全，情绪可以平静一些？也许，徐老师可以递上一杯水，对小梅说："小梅你好，给你水，你喝一口。"然后，允许小梅哭泣。等小梅把情绪发泄出来，再询问具体的原因。赵经理则可以将小胡带到一个轻松的环境，递上一杯水，询问发生了什么让他这么烦躁。

如何倾听？这涉及正确识别他人情绪的第三步，即专注倾听并给予适当的共情。关于倾听，有以下四个技巧可供大家参考。第一，关注对方。集中注意力，用眼神和身体语言表现出对对方的关注和尊重。第二，表达理解。通过回应、提问或者总结对方的话语来表达对对方感受的理解。第三，避免打断。尽可能避免打断对方，让对方表达完整的思想。第四，避免评判和指责。尽量不要评判或指责对方，保持中立和客观，以便更好地理解对方的需求和感受。

记下你的心得体会

倾听包括两种方式：积极倾听和反思性倾听。

积极倾听是情绪管理师收集信息、促进来访者学习和鼓励来访者改变行为的积极的互动过程。当情绪管理师倾听来访者的讲述时，情绪管理师可以根据听到的明确的和隐含的语言对来访者的心理状态、假设、信念、对事件的偏见形成一个概括性描述。

在这个过程中，情绪管理师一般要注意收集以下四种信息。

内容。来访者愿意分享的自己的故事和内容。

背景。来访者故事发生的背景情况。

影响。事情发生后给来访者和他人带来的影响，既包括明确表达的影响，也包括可能出现的隐喻和意象的影响。

感受。在事件发生期间和事件发生之后，来访者和其他人出现了哪些情绪和感受。

反思性倾听是一项重要的倾听技能。在反思性倾听的过程中，情绪管理师会去思考来访者故事里的逻辑性，必要时，情绪管理师会提出问题请来访者进行澄清以获取更多信息。需要注意的是，情绪管理师的态度必须保持开放和中立，不要让带有个人经验色彩的假设、判断或偏见扭曲他们听到的内容。例如，在倾听过程中，情绪管理师会问:“我听到的是……”或“听起来你在说……”“你说……是什么意思?”“你是……意思吗?”“我可能没有正确理解你，你刚才说的是……意思吗?”“这是你的意思吗?”通过这些反思性问题，可以有效帮助情绪管理师厘清来访者故事中的逻辑性，也能让来访者可以更详细、准确地讲述自己的故事。

记下你的心得体会

【知识卡】

简德林的倾听指南

简德林在他的著作《聚焦》里介绍了倾听指南。这份指南帮助人们在沟通中更好地倾听和理解对方，从而建立更好的人际关系。

简德林的倾听指南包括以下内容：

第一，倾听者应当表达对对方的关注和尊重，让对方感到被理解和接纳。

第二，倾听者应当尽量避免评价或批评对方，而是要通过倾听和提问来了解对方的观点和感受。

第三，倾听者应当尝试用自己的话来概括对方的观点和感受，以便确认自己的理解是否准确。

第四，倾听者应当尽可能保持开放和接纳的态度，而不是试图说服对方接受自己的观点。

第五，倾听者应当尝试理解对方的情境和背景，以便更好地理解对方的观点和感受。

准确表达情绪

当我们收集到更多关于情绪的信息时，我们就可以更好地、准确地识别情绪。正确识别情绪是为了准确表达情绪。以下是一些正确表达情绪的技巧。

第一，用“我”表达情绪。用“我”开头表达情绪，不要指责或攻击别人。例如，“我感到很难过”而不是“你总是让我感到难过”。

第二，描述具体的情境。描述导致情绪变化的具体情境，以便使他人更好地理解你的感受。

第三，表达需求和期望。在表达情绪时，也要表达自己的需求和期望。

值得注意的是，在正确识别情绪的过程中，有效“倾听”可以帮助情绪管理师收集到更多与来访者情绪有关的信息，对后面来访者准确表达情绪和管理情绪起重要作用。

应对他人情绪的方法

应对他人情绪或情绪调节一般包括以下三个步骤：第一，帮助他人识别和缓解情绪（与他人展开积极对话，通过转移注意力缓解情绪）。第二，帮助他人找到产生不良情绪的原因并调节不良情绪（认知行为疗法、认知重构等）。第三，改变行为。

【小贴士】

员工情绪辅导的一般步骤

第一，倾听和观察。倾听员工的表达，观察员工的非言语行为。细致观察员工的情绪表现、身体语言和使用的言辞，获取更多与情绪有关的信息。

第二，提问和澄清。运用开放性问题和澄清技巧，与员工互动并深入了解员工的问题。引导员工描述问题的具体情况、触发因素和问题对他们的影响，以便准确把握核心问题。

第三，主动探索情境。探索员工工作和生活中的具体情境。了解员工的职业环境、工作要求、人际关系等，以帮助员工发现情绪问题的根源和影响情绪的因素。

第四，收集并确定其他影响员工情绪的因素。员工的情绪问题是否受其他因素影响。通过了解员工的家庭情况、个人生活事件等，识别员工的情绪问题是否与外部因素相关。

第五，综合评估。综合评估收集到的信息，确定主要情绪问题的性质和范围。分析情绪、行为、认知和环境等方面的影响因素，全面了解员工的情况。

第六，制订个性化应对方案。根据识别到的主要情绪问题，为员工制订个性化应对方案。结合员工需求、资源和目标，提供有针对性的情绪管理策略和技巧，帮助员工解决情绪问题并提升员工的心理健康水平。

第七，持续关注和跟进。情绪管理师在帮助员工解决情绪问题后，应保持与员工的沟通，持续关注和跟进员工，即持续关注员工的进展，为员工提供必要的支持和指导，确保员工的情绪问题得到有效解决。

第八，建立信任和保密。在整个过程中，建立信任和保密是至关重要的。保密让员工到安全和舒适，从而更愿意分享和合作。

帮助他人释放压力

帮助他人释放压力，常用的方法有森田疗法、帮助他人学会积极对话、认知行为疗法。

森田疗法的创立过程可以追溯到 20 世纪初期。日本精神科医生森田正马在治疗神经衰弱、焦虑症等时发现，焦虑、失眠、神经衰弱等都与患者过度透支精神有关，“多休息”并不能让患者好转，而顺其自然，让患者接受现在的状态才是治愈之道。

森田疗法是一种心理治疗方法，该疗法主张的基本原则是“顺其自然，为所当为”，这也是森田疗法的核心理念。顺应自然指的是我们应该采取承认、接受、不抵抗的态度对待压力以及由压力导致的各种不适、感受、想法和思维，承认这些感受和症状，认为它们是自然现象，不抗拒，不拒绝，也不强烈地想要马上除掉它们，或认为这些症状都是不应该出现的，是不属于自己的。个体应该做的是与症状和谐相处，达到“无为而治”的状态。

顺其自然还包括认清心理规律，知道症状的形成原因，了解主客体之间的关系，坦然接受自身可能出现的各种想法、观念和症状，可以忍受痛苦，接受自然规律和心理规律。然而，顺其自然并不是什么都不做，任由症状折磨自己，而是让个体认识到，失眠、心慌等症状是自然规律，是个体感受到压力时出现的自然现象，我们要尊重这样的自然规律。例如有人因为工作压力的原因出现失眠、噩梦多，认为我什么也做不了，只能默默忍受，在家多休息即可，等到症状消失了才可以恢复正常的生活和工作，这就是对森田疗法“顺其自然”的误解。

“为所当为”指的是我们虽然有这些症状，但是我们仍然可以带着症状去生活，做自己目前可以做的事情。

【知识卡】

森田正马

森田正马（1874—1938）是日本著名的精神科医生和心理学家，森田疗法的创始人。1874年，森田正马出生于日本东京，从小森成绩优异，父亲对森田正马的期望也非常高。由于父亲严苛的教育方式，使得森田正马性格敏感，甚至厌恶学习，厌恶学校，常常产生心慌和濒死感，夜间出现失眠、噩梦等症状，严重影响正常的学习和生活。因为这样的身心状态，森田正马五年的中学学习生涯八年才读完。由于长期精神压抑，森田正马决定学医以自救。25岁时，森田正马考上了日本东京大学，后获得医学博士学位，并成为一名医生。虽然学医，但是在大学学习期间，森田正马依旧没能解决自己的焦虑、敏感和失眠等问题。由于这些症状困扰，森田正马不得不在家休息。期末考试的时候，其他同学都可专心学习，专心准备考试，可是森田正马根本无法专注，森田非常绝望，他放弃之前使用的所有治疗方法，硬着头皮去考试，心里想着“随便吧，横竖都是死”的心态，放下心理负担去学习，反而顺利通过考试。

通过这次考试，森田正马发现，焦虑、失眠、神经衰弱等是因为精神过度透支引起的，“多休息”并不能让患者变得更好，催眠也不一定能治愈患者，采用顺其自然和接纳的态度反而让患者恢复了。

自此，森田正马开始采用“顺其自然”的治疗理念。后来，森田正马通过不断学习和总结逐渐形成森田疗法。森田疗法基于东方文化背景，比较适合亚洲人群。

在使用森田疗法时，可以使用以下指导语。

找一个安静的地方，坐下来，闭上眼睛，放松身体。你可以坐在椅子上或者躺在床上，选择一种舒适的姿势保持不变。然后，请你关注你的呼吸。感受气息进入和离开身体的感觉。如果你的思维开始游移，不要担心，只是注意它们并继续关注呼吸。

接下来，让自己注意身体的感觉。注意身体的每个部位，从头到脚，感受身体的紧张感和疼痛感。请不要刻意改变你的感觉，只是接受它们。如果你不由自主感到焦虑、疲劳或其他负面情绪，请不要抵抗它们。相反，接纳和容纳它们。让它们存在，并意识到它们只是暂时的。不要试图去改变它们，只是接受它们。如果你发现自己陷入消极的思维循环中，请不要过分关注这些思维。相反，继续关注身体感觉和呼吸。你会发现，这些消极的思维是你在高压状态下的自然反应。随他吧！就像眼睛会自然地感受光线，耳朵会自然地听见声音，头脑会自然地产生各种思维。这就像饿了就想要吃饭，困了就想要睡觉一样，属于自然规律，不要试图去控制他们，只是接受它们，并让它们自然地流动。

请自然地感受这些症状自然出现和消失的过程，在这个过程中，你会逐渐平静。当你平静时，请你想一下你现在可以带着这样的感受做一些什么样的事情，当你睁开眼睛后，你可以将这些事情清晰地写在纸上。

现在，请缓慢地打开眼睛，让自己适应光线和环境。然后，缓慢地起身，回到日常生活中。

除了森田疗法，情绪管理师还可以通过帮助他人学习积极对话，提升自我意识，识别自身的消极对话模式，并助力他人作出系统、有效的改变。

认知行为疗法是一种以认知为基础的心理行为疗法，针对个体具体问题，发现并改变个体的负面思维和情绪，提升个体的生活质量。认知行为疗法认为，个体的思维方式可以影响个体的情绪和行为。因此，改变个体的思维方式可以达到改变个体情绪和行为的目的。

认知行为疗法包含以下三个主要要素：（1）认知。认知是个体的思维过程，包括个体对自己、他人和世界的看法。（2）行为。行为是个体的实际行动，包括个体的习惯和生活方式。（3）情绪。情绪是个体的感受，包括个体的喜怒哀乐。

认知行为疗法的应用范围包括：（1）情绪管理。识别和挑战不健康的思维模式，从而改变个体的情绪和行为。（2）压力管理。应对压力和挑战，提高个体应对压力的能力。（3）个人成长。建立积极的思维习惯，促进个人成长和发展。

【小贴士】

认知行为疗法的实施步骤

认知行为疗法的具体用法包括以下五个步骤。

第一，评估、收集信息。首先要对个体进行全面的评估，包括了解个体的思维模式、情绪和行为等方面的情况。

第二，制订治疗计划。根据评估结果，制订个性化治疗计划，包括设定治疗目标和选择适当的治疗方法等。

第三，认知重构。通过认知重构，帮助个体识别和改变不合理的信念，如过度一般化、过度抽象化、非黑即白思维等。

第四，行为干预。通过行为干预，帮助个体改变不良的行为模式，如避免社交、回避问题等。

第五，反馈和调整。在治疗过程中，不断给予个体反馈，并根据个体的反应进行调整和改进。

例如，小明是一名大学生，最近因为考试焦虑和压力过大感到情绪低落和失眠。我们可以用认知行为疗法来帮助小明识别他的负面思维模式。例如“我肯定考不好”或“我一定会失败”。其中，“肯定”和“一定”都是绝对化的形容词。教授小明通过积极的自我对话纠正这些负面的思维模式。同时，教授小明一些放松技巧和注意力训练的方法，帮助小明更好地集中注意力和控制情绪。请小明制订一个学习计划，鼓励他在考试前多做一些模拟题并复习笔记，增强信心，减少考试焦虑。

记下你的心得体会

促进员工改变行为

在职场中，情绪管理师不仅仅要帮助员工识别情绪，还要帮助员工发现他们面临的关键问题，帮助员工找到解决问题的方法，并促进员工改变行为改变以实现目标。常见的具体方法有以解决方案为中心、以目标导向为中心、神经语言程式。

以解决方案为中心。情绪管理师以解决方案为中心，帮助员工发展自我意识和洞察力，建立更深入的自我理解，减少情绪带来的负面影响，增加情绪的积极影响，帮助员工解决问题。通过专注于解决方案，了解员工希望事情变成什么样，情绪管理师可以帮助员工发现他们自己的潜力。

以解决方案为中心，而不是陷入当下问题，执着于寻找负面情绪的原因时，可以获得更好的干预结果。在情绪管理师的支持和指导下，员工自己可以找到解决方案，减少负面情绪的影响，实现目标，同时加深对自己深层次的理解，提高自我效能。

以目标导向为中心。目标可以是任何事情，任何可以实现的计划。情绪管理师与员工合作，以目标为导向，制订行动计划以实现员工的目标。然后，情绪管理师和员工确定激励员工的最佳方式，以及时实现目标。设定目标时，需要情绪管理师了解员工目前所处的位置以及他们将来的愿景。

设定和实现目标时，需要考虑以下四个要素:（1）聚焦。将注意力和精力集中在与目标相关的活动上——远离感知到的与目标无关的行为。（2）设定目标。目标可以让员工更努力（例如，通常员工每小时可以生产 4 个小部件，而员工的目标是生产 6 个小部件，有了目标后，员工为了实现目标，可能会比平时更努力地工作以实现目标）。（3）可实现。如果员工追求的目标过高，那

记下你的心得体会

么个人更容易感到挫折，降低了自我效能感。(4)决心。目标可以引导员工制订认知策略，改变他们的行为。

员工越清楚自己的理想状态，就越容易确定目标。情绪管理师在帮助员工设定和实现目标的过程中，要尽可能请员工清楚陈述他的目标。例如，“我的目标是……”要确保员工给出的目标是具体的、可衡量的、可实现的、现实的和短期能够实现的。员工可能会给出几个目标，其中一些目标可以包含在一个主要目标中。如果是这种情况，情绪管理师可以帮助员工用1—10个等级，在目标的紧迫性和重要性矩阵上，对目标的优先级进行排序。帮助员工确定他们首先想要实现的目标以及实现目标的顺序。然后，情绪管理师与员工一起制订行动计划，一次实现一个目标。

当员工确定了所有的可实现的目标时，就需要每天坚持练习。练习在行动改变和目标实现的过程中具有重要作用，需要员工付出较大的意志、决心和努力。

记下你的心得体会

【知识卡】

自我效能感

班杜拉（Albert Bandura）的自我效能感是指个体对自己能够有效完成特定任务的信念和评价。自我效能感是对个体在特定领域或任务中，对自己成功完成任务所需的行为和能力的信心评估。自我效能感涉及个体对自己的能力、技能、知识和资源的评估，反映了个体对自己面临困难和挑战时应对能力的信心。

自我效能感的概念起源于班杜拉的社会认知理论。班杜拉认为，个体的行为和思维受认知过程的影响，而不仅仅由外部环境和刺激决定。在班杜拉的研究中，他发现人们的行为不仅受外部激励和奖惩的影响，也受他们对自己能力的信念的影响。

班杜拉认为，自我效能感有以下四个主要来源。

第一，个体经验。个体经验会影响自我效能感。当个体在某个领域或任务中获得成功经验时，他们对自己的能力有更强的信心。相反，失败的经验可能会降低个体的自我效能感。

第二，观察学习。通过观察他人的行为和结果，个体可以获得间接的信息和经验，以评估自己的能力和有效性。如果个体看到其他人成功完成一项任务，那么他们可能会认为自己也能够成功。

第三，口头说服和社会支持。他人的鼓励和正面评价可以增强个体的自我效能感。当别人对个体的能力表示认可和支持时，他们更有信心面对挑战。

第四，生理和情感状态。个体的生理和情感状态也可能对他们的自我效能感产生影响。例如，情绪低落和焦虑可能会降低个体的自我效能感，而积极的情绪和高强度动机可能会增强个体的自我效能感。

自我效能感的概念在教育、心理治疗、组织行为等领域得到广泛应用。自我效能感对个体的学习、成就、创新、适应和心理健康等有着重要的影响。人们可以通过培养和增强自我效能感提高个人表现，克服困难，实现目标。

神经语言程式。神经语言程式（Neuro Linguistic Programming，简称 NLP）中，N 代表脑和神经系统中进行的过程，L 指个体用词的方式以及这种方式对个体对外部世界的感知和关系的影响，P 代表程式，指的是一种相互作用的过程，通过相互作用过程改变身体意识，让个体拥有更好的状态。

神经语言程式可以帮助员工提高自信心，肯定自我价值，提高个人创造力，改善与同事的关系，提高个人和组织的工作效率，去除员工的不良习惯和风气，减轻员工的压力。

【小贴士】

神经语言程式的步骤与方法

神经语言程序的步骤：

第一步，帮助员工正确认识自我。例如，自己的个性与能力，擅长什么，不擅长什么，自己的优点和缺点。

第二步，回忆过去。遇到相似的压力事件时，情绪和反应如何？

第三步，当遇到压力事件时，个体更倾向于如何与自己对话？是开展消极的自我对话还是积极的自我对话？自我对话对自己有什么影响？

第四步，正面积极地思考。个体是否更倾向于考虑正面的信息还是负面的信息?

第五步，针对主题，设计方案。在设计方案时，首先，将负面思想及行为转变为正面思想及行动计划，以现在式的肯定语气来表现。例如：我觉得我是个坏人，总会对人性产生绝望的感觉→我是个好人，我对人性充满希望，并且总是心存善念；我觉得我说话总会带刺，别人都不喜欢听我说话，讨厌我→我常常说好话，赞美和鼓励别人的话；我今世做了太多的坏事，说了太多伤人的话，有很多的仇人→我常常做好事，广结善缘；我缺乏自信→我是个很有自信心的人。我人际关系不好，总觉得他们不接纳我，不喜欢我→我人际关系很好，我有能力可以和大家相处得很好；我害怕当众演讲→我口才很好，我喜欢练习演讲，可以做到侃侃而谈；我很伤心，心情不好。→我是个快乐的人。其次，通过每天练习以达成目的。再次，每天练习达到效果。

练习步骤（10—30 分钟，依个人需求）。

正念呼吸放松。

闭上眼睛，聚焦当下，从头到脚放松，以舒缓轻松的音乐为背景，帮助身体更加放松。

正面思考。

A. 个人需要的正面建议（每句默念 3—10 次）。

B. 我每天在身心灵方面都愈来愈好，并且愿意采取行动让自己变得更好（3—10次）。

加强效果。

A. 这些正面的信念在日常生活中自然显现出来。

B. 我每天喜欢做这样的练习，每次的练习后都会让我变得更好。

C. 我能够在自己的计划内完成我设定的目标。我喜欢这样积极、平静的状态。

D. 当我睁开眼睛后，身心都很放松。

现在，缓慢地打开眼睛，让自己适应光线和环境。然后，缓慢地起身，回到日常生活中。

小结

1. 正确识别他人情绪受到多种因素的影响，其中包括宗教、语言和文化的差异、个体差异和行动≠情感等因素的影响

2. 我们在识别他人情绪的时候，应当保持开放和中立的态度。正式识别他人情绪的三个步骤：A. 保持好奇和中立的态度；B. 建立安全可信任的环境；C. 倾听与共情。

3. 专注倾听是我们了解来访者的第一步，倾听是我们进行情绪辅导

的关键步骤。

4. 调节和应对他人情绪有两个关键步骤：A. 识别情绪、释放压力；B. 促进行为改变。

5. 识别情绪、释放压力的方法除了正念呼吸外，还有可以通过森田疗法、认知行为疗法来进行。

反思·实践·探究

李老师，女性，32岁，从业8年，是一位经验丰富的初中语文教师，在一所中等规模的中学工作。

李老师的班里有一个名叫小明的学生，在班级中表现出一些问题。小明学习成绩起伏较大，时常不能完成作业或者提交的作业质量较差。此外，小明在班级中经常与同学发生冲突，容易情绪激动并表现出攻击性行为。小明的学习问题和行为问题对班级氛围和教学秩序产生影响。其他学生感到紧张和不安，课堂秩序受到干扰，教学效果受到影响。

李老师面临班级管理的问题，她发现自己难以有效管理班级，无法控制学生的冲突和不合作行为，导致课堂秩序混乱和学习氛围受损。

李老师去了解小明家庭的具体情况，发现小明父母离异，经常搬家，缺乏稳定的家庭环境和支持。李老师感觉既心疼又无奈，既焦虑又失落，既沮丧又挫败。小明作为一个有特殊家庭背景的学生，需要老师给予特别的关注和支持。然而，李老师仍然感到自己无法满足小明的教育需求，缺乏有效教育小明的方法和策略，无法帮助小明克服学习和行为问题。

李老师最近出现失眠和紧张性头痛等躯体症状，对于小明的问题，她感到无助。

1. 请结合这个案例思考：作为情绪管理师，你应该怎样为李老提供情绪辅导？

2. 在倾听过程中，你应该注意哪些问题？倾听有哪些技巧？

3. 请选择一两种应对情绪的方法对李老师进行干预（正念呼吸、森田疗法、认知行为疗法等）。

4. 案例中李老师的目标是什么？设定的目标有哪些特点？请帮助李老师建立一个促进目标实现的计划。

职业情景中的情绪调节案例

【知识导图】

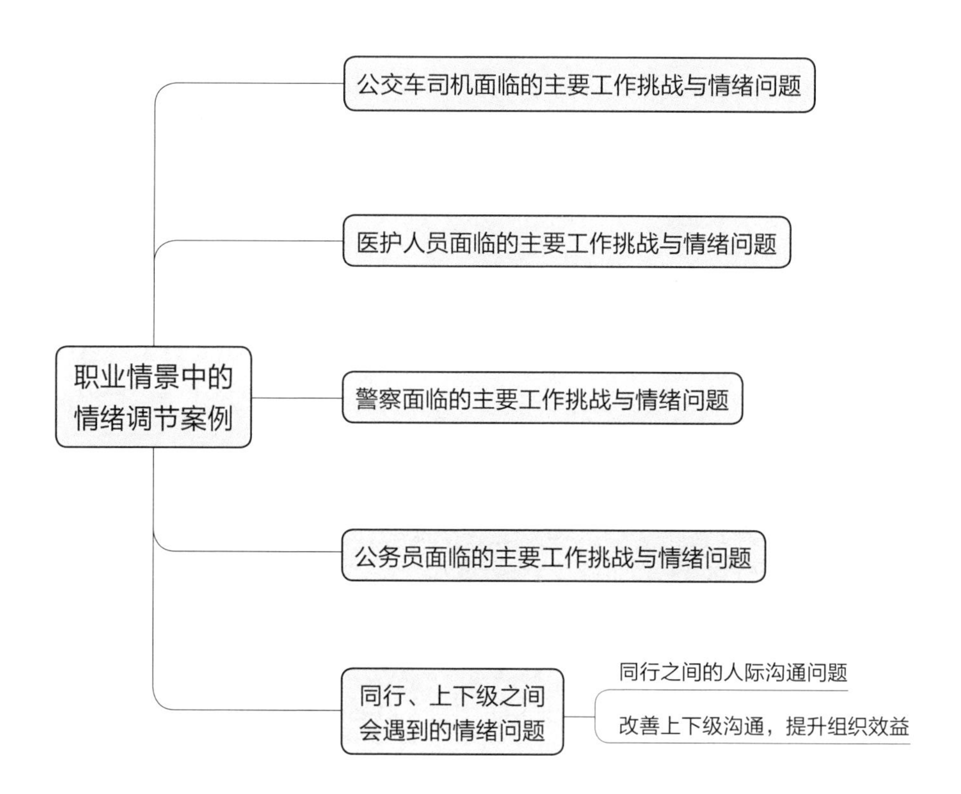
职业情景中的情绪调节案例
公交车司机面临的主要工作挑战与情绪问题
医护人员面临的主要工作挑战与情绪问题
警察面临的主要工作挑战与情绪问题
公务员面临的主要工作挑战与情绪问题
同行、上下级之间会遇到的情绪问题
同行之间的人际沟通问题
改善上下级沟通，提升组织效益

不同行业的员工面对的服务对象不一样，他们面临的问题也不一样，因此随之产生的情绪问题和需求也不一样。接下来，笔者以公交车司机（服务行业）、医护人员（医疗行业）、警察（警察行业）和公务员（社区工作）为例，具体谈一下帮助不同行业员工减轻压力，提高职业幸福感的办法。

记下你的心得体会

公交车司机面临的主要工作挑战与情绪问题

公交车司机负责将乘客安全运送到目的地，他们需要遵守交通规则，确保乘客的安全，并在规定的时间内到达目的地。公交车司机的工作时间一般比较长，通常需要在早晨和晚上的高峰期，以及节假日和周末等别人休息的时间工作。

公交车司机面临的主要工作挑战有：（1）安全风险。公交车司机需要长时间驾驶，面临疲劳驾驶、交通事故等安全风险，这可能影响公交车司机的情绪。（2）工作时间不稳定。虽然公交车司机有工作排班，但是公交车司机需要作好随时上路工作的准备，以应对可能出现的意外情况。此外，公交车司机在工作时，也可能会遇到交通堵塞、交通事故、乘客纠纷和乘客受伤等意外情况。这导致公交车司机的工作时间是相对不稳定的。不稳定的工作时间可能会影响公交车司机的家庭生活和身体健康。（3）工作环境恶劣。司机车司机需要长时间坐在公交车的驾驶位上，也需要在不同天气条件下工作，无论刮风下雨、酷热严寒、风霜雨雪，他们都要准时上路。恶劣的工作环境可能会对公交车司机的情绪产生影响。

由于公交车司机在工作期间需要高度集中注意力，遵守交通规则和公交公司的规定，确保乘客的安全，即使遇到恶劣天气、交通拥堵、乘客不理解，也要坚持做好服务工作。这加重了公交车司机的身心负担，增加了公共交通运输的危险。因此，公交车司机面临的主要情绪问题有自卑、焦虑、紧张、身心疲惫等。

记下你的心得体会

王师傅是某市一名公交车司机，男性，

38岁，已经工作多年。王师傅说：“我们工作的性质就是早出晚归，不管风吹日晒都要出去工作，没有办法，都得干，有时候遇到不理解的客户，就加大了我们的工作难度。”从这段话可以了解，王师傅每天的工作时长较长，工作压力较大，话语中透露出一丝无奈。

八月的一天，天气异常炎热。王师傅在炎热的天气下已经工作将近8个小时，身心俱疲，想着完成最后一班，就回家好好休息。没想到，突然下起了大暴雨，路况不清，路面也因为暴雨的冲刷，泛起了白白的水汽，公交车内潮湿、闷热。一位乘客上车后，抱怨车里很热。王师傅向乘客解释，空调已经开到最大，但是由于天气原因，车里确实闷了一些，请乘客稍微忍耐一下，等雨小了就好了。但是这位乘客仍旧不满意，开始大声抱怨，并要求王师傅立即开窗通风。王师傅解释，开窗会让雨水淋进来，会让车内更加潮湿。但是这位乘客仍然不满意，开始与王师傅争吵。乘客的无理取闹和喋喋不休让王师傅非常烦躁和疲倦，也分散了王师傅的注意力，加剧了运输过程的危险。接连几个紧急情况，王师傅连着踩了几个急刹车，这更加剧了王师傅的紧张情绪。下班后，王师傅仍然感觉不能放松，心情烦躁、郁闷，无价值感的情绪加剧。

情绪管理师应该怎样帮助王师傅提升职业幸福感?

第一，建立信任关系。情绪管理师应在初次会谈时，让王师傅感到舒适，建立信任关系，让王师傅愿意分享他的情况。在会谈过程中，情绪管理师应倾听并尊重他的感受，不作任何评判。

第二，评估和识别问题。情绪管理师应引导王师傅详细描述他在工作中遇到的具体情况，以及这些情况引发的具体情绪问题。情绪管理师可以通过问询，例如："你什么时候觉得压力最大?""当你面对粗鲁的乘客或交通拥堵时，你的反应是什么?""这种情况对你的生活和家庭有什么影响?"等，帮助王师傅评估和识别问题。

第三，情绪和压力管理教育。情绪管理师通过教育，帮助王师傅理解情绪和压力产

记下你的心得体会

生的原因和带来的影响，理解情绪和压力对身心健康的影响，帮助王师傅更好地理解自己的情况，并接受后续的情绪管理教育，学习更多处理情绪和压力的技巧。

第四，认知行为疗法。情绪管理师应教授王师傅识别和挑战消极的思维模式。例如，当王师傅说“我总是觉得自己做得不够好”时，情绪管理师可以帮助王师傅挑战这个观点，提醒他记住自己做对的事，以及他如何成功处理了以前的挑战。

第五，教授应对策略。情绪管理师应教授王师傅一些简单有效的应对策略，如深呼吸、冥想、短暂休息，以及定期的身体锻炼。例如，情绪管理师可以详细教授王师傅深呼吸的技巧，并鼓励他在感到压力增大时，花几分钟时间进行深呼吸。

第六，制订个性化的情绪管理方案。情绪管理师应与王师傅一起制定个性化的情绪管理方案。这包括在工作中定期检查情绪。例如，每隔几个小时就停下来观察自己的情绪；在工作和休息之间设置明确的界限，在下班后进行一些自己喜欢的活动，帮助自己

记下你的心得体会

从工作中解脱出来。

第七，评估和调整。情绪管理师应定期对王师傅进行回访，评估干预的效果，并根据需要调整情绪管理方案。这可能需要多次的评估和调整，直到确保干预有效。

第八，协作与倡导。情绪管理师还可以与王师傅所在的公交公司的管理层合作，改善王师傅的工作环境，减少王师傅的工作压力。例如，作出更人性化的工作安排，或者为王师傅提供更多的支持和资源，如心理咨询服务等。

上述八个步骤为情绪管理师的工作提供了一个详细的框架，情绪管理师可以根据每个来访者的具体情况，对上述步骤进行调整。

下面是情绪管理师帮助王师傅调节和管理情绪时干预记录的节选。情绪管理师用字母 C 代替，王师傅用字母 W 代替。

C：你好，王师傅！很高兴见到你！今天你来咨询，想和我讨论什么？

W：你好。我最近工作状态不太好，感觉压力很大。每天都感觉很烦躁，一想到要上班感觉整个人都很暴躁，老是想发火。

C：你的工作是什么？

W：我是一名公交车司机。我每天都要遇到拥堵的交通和粗鲁的乘客，这真的让我很焦虑和烦躁。

C：嗯，最近的天气也很热，这可能会让你的情绪更加不稳定了。

W：就是，最近实在是太糟糕了，天气闷热得不行，那些乘客上车就埋着头看手机，自己错过了站又来跟我吵，公司规定要到站停车的，我在中间怎么给他停车？搞得我开个公交车好像欠他一样！最近实在是太烦了！忙了一天回去一身臭汗，整个人就想躺着，一点力气都没得，觉得该陪娃娃吧，又一点都不想动，这日子简直没意思。

C：嗯，那些无理取闹的乘客让你感觉很烦躁，我甚至能感觉到你强压的怒火。这种情况有多久了呢？

W：大概有两个星期了吧，前段时间有些神经兮兮的乘客又去投诉我，说我态度不好，一想到这个我就来气。后来遇到自己错过站来找我停车的乘客，我简直不想理他。

C：嗯，我能想象到那种憋屈和愤怒。下班后呢，你感觉怎么样？

W：也不好，我回家后心情也不好，老是绷着个脸，我知道家里人没惹我，但我就是情绪不好，老容易发火，有时候觉得挺对不起老婆和孩子的，但是就是管不住啊！

通过上面对话，情绪管理师了解来访者王师傅的情绪状态及产生的原因。

C：我了解到你的情况了。我们可以通过学习一些技巧来管理压力和情绪。比如，我们可以试着改变我们对压力和事件的看法，我们可以用一些简单的技巧来放松自己。你觉得这样可以吗？

W：听起来很好，我愿意试试。

C：太好了。我们可以从正念呼吸开始。当你觉察到你有负面的情绪时，你就通过专注于呼吸来放松身体，让你变得舒服些。

W：好的。我可以试一试

C：这个背景音乐如何？能够让你觉得平静一些吗？

W：嗯，我想能的。

记下你的心得体会

C：好的，那我们以它为背景音乐，开始正念呼吸。

……

C：好的，你感觉轻松一些了吗？

W：确实感觉稍微轻松了一些，但我还是觉得控制不住我的情绪，总是自责和焦虑。

C：这非常正常，情绪管理需要一些时间和练习，你做得很好。让我们更深入地探讨一下你的这些情绪。你能详细描述一下你的自责和焦虑吗？

W：我总是觉得自己做得不够好。我觉得我应该能更好地处理压力和情绪问题，我不应该让它们影响到我家人。

C：这是一个常见的消极的思维模式，我们可以通过认知行为疗法来处理它。当你出现消极的思维模式时，你要质疑它们，而不是接受它们。例如，你要找到支持你“事情做得很好”的证据来否定这个观点。

W：嗯，其实我也有处理得很好的时候，但我还是觉得自己可以做得更好。

C：非常好，你已经开始质疑你的消极思维了。记住，我们都有可以改进的地方，但这并不意味着你做得不好。你已经在尽力了。

W：我明白了，我会尝试改变我的思维。

情绪管理师教王师傅用正念呼吸和认知行为疗法改变思维，调节情绪。

C：好的，我们从这里开始。我会一步一步教你更多的技巧。另外，我还会帮助你，让你的行为发生改变。你愿意尝试一下吗？

W：我愿意，我觉得我需要这些。

C：接下来，生活中你最尊敬、最信服的人是谁呢？

W：是我认识的一个老大哥。

C：假如，你这位老大哥处在你现在的位置，他会如何处理你面临的这些压力和情绪呢？你可以闭上眼睛，想象如果他是你，他会怎么做。

W：嗯，我想，如果他处在我这个位置，他可能会更冷静，更淡定。

C：那你愿意尝试像他一样面对和处理目前的情况吗？

W：我可比不上他，不过我可以试试。

C：好的，你刚刚说你会像你最尊敬的

那位老大哥一样，更冷静、更淡定地处理你的问题。那么他是如何做到的呢？

W：他是我们团队中情绪最好的人，我没见过他发脾气，我也不知道他是如何做到的？但是他是我们队里作息最有规律的人，每天上班前都坚持运动一会儿，下班后就去养自己的花花草草。

C：听起来他是个很自律的人，工作再忙也能规律作息，坚持个人爱好。

W：是的，我下班后都很烦躁，情绪很差。

C：他还有其他保持情绪平和的做法吗？

W：有一次，我问他，面对那些无礼的乘客，他是怎么做的？他说，面对无礼的乘客，他也想骂人，但是在骂人之前，他先拿起水杯喝一口水。他发现，他喝完水后，他似乎没有那么大的怨气了，也不想骂人了。

C：他告诉你，当他面对无礼的乘客时，他的应对方法是发怒之前拿起水杯喝口水，这种方法你用过吗？

W：呃，没用过，还没等我拿起杯子，我就已经发怒了……

C：好的，没关系。接下来，我们继续

讨论你做不到的原因是什么，以及你可以做到哪一步。我们将这些内容都写在纸上，然后，我们一起制订一个属于你自己的情绪管理方案，好吗？

W：好的，我可以做到。

情绪管理师继续和王师傅讨论，教他怎样制订情绪管理计划，请他每天坚持练习。

W：好的，我愿意作出改变。

此后，情绪管理师继续和王师傅深入对话并对王先生进行干预。

情绪管理师教王师傅更多管理情绪的技巧，并和王师傅一起制订了个性化的情绪管理方案。

同时，情绪管理师定期对李先生进行回访，评估干预的效果，并进行必要的调整。

记下你的心得体会

案例小结

在这个案例中，情绪管理师首先明确王师傅的主要问题，给予了王师傅充分的理解和尊重，理解王师傅的情绪，这是建立信任关系的关键。理解和尊重是情绪管理师开展情绪辅导工作的重要第一步，它可以帮助情绪管理师建立一个安全的、无评价的环境，使得来访者愿意分享自己的情绪，也让情绪管理师有更多的机会收集到更多的信息。

在本案例中，情绪管理师运用认知行为疗法，并结合正念呼吸和行为改变策略解决王师傅的实际问题。这表明，情绪管理师可以灵活使用多种方法和策略，以满足来访者不同的需要。处理好王师傅的情绪以后，情绪管理师就可以根据王师傅的具体情况，制订个性化的情绪管理方案。

持续的回访和评估，在制定情绪管理方案后，情绪管理师需要定期对来访者进行回访，以评估干预的效果并进行必要的调整。情绪管理是一个持续的过程，需要情绪管理师持续努力和调整。

这个案例展示了情绪管理工作的复杂性和多样性，作为一名情绪管理师，需要具备敏感、耐心和灵活应对的能力。

请将你阅读此案例后的心得与反思记录在留白处。

记下你的心得体会

医护人员面临的主要工作挑战与情绪问题

医护人员是指在医院工作的医生和护士，他们是医院医疗服务的主要提供者。医护人员的工作时间长，通常每周要工作五天，每天工作8—10小时，在特殊情况下可能需要连续加班。除了工作时间长外，医护人员还要面对患者复杂的病情和对医疗服务的高要求。因此，医护人员需要具备高度的职业素养和承受能力。

在医疗行业中，医疗事故和医患关系问题是医护人员经常遇到的主要问题，医疗事故意味着医护人员的错误操作让患者出现生命危险，严重时甚至导致死亡；医患关系不好会让患者不信任医生，从而耽误治疗。医护人员作为每天直接与患者接触的一线工作人员，承受着巨大的压力，这种压力伴随着焦虑、沮丧、无助和巨大的心理负担。

小李是某三甲医院的一名护士，最近她陷入极大的情绪困扰中，原因是先前一名因肺部感染住院治疗的患者，在医院接受治疗，责任护士给患者注射药物时，未发现药品标签上抗生素的剂量与医生开的处方不符。

几天后，患者的病情没有好转反而恶化，最终不幸去世。经过调查发现，患者死亡的原因是注射过量药物导致的。从那之后，小李就经常处于焦虑状态，担心自己也将药物注射错了导致严重后果。因此，每次注射前，小李都会反复检查。由于检查的次数过多导致小李的工作效率极其低下，甚至晚上休息时，小李也时常梦见自己的患者因为自己的工作失误死亡，而自己被患者家属和医院问责。

记下你的心得体会

情绪管理师应该怎样帮助小李减轻心理负担?

第一，建立咨询关系。情绪管理师可以通过展示专业技能和资历，呈现友善的态度，并对小李表示关怀和理解，来与小李建立有效的咨询关系。

情绪管理师可以尝试以下表达:“我关心并重视你的情况”“我想了解你正在发生

的事情并且想帮助你”“我有信心能帮助到你，过去我也曾遇到类似的情况，但是都很好地解决了”。

第二，了解现状，完成概念化。情绪管理师需要通过收集信息，完成初步的概念化，对“发生了什么？”“现在情况怎么样？”形成基本的认识。

情绪管理师可以问自己：“她的问题是什么？”“这个问题是如何出现并发展到现在的？”“促使这种问题出现的核心信念是什么？”

在以上两个步骤中，建立咨询关系、收集信息和处理来访者的情绪是同步进行的。情绪管理师需要尽可能地理解、体验小李的情绪状态并让她感觉到情绪管理师和她是同步的，她目前遭遇的问题并不是她自己有什么特别的问题，而仅仅是她需要情绪管理师和她共同面对的一些状况。

第三，快速有效地解决来访者的困扰。在当前的社会节奏下，来访者可能并不具备多次咨询的条件或者意愿，因此作为情绪管理师的你，需要尽可能地快速缓解来访者的困扰。

记下你的心得体会

记下你的心得体会

如果来访者在评估中显得很焦虑，那么情绪管理师就要帮助来访者进行深呼吸练习，让来访者学习躯体扫描和正念呼吸的方法，让来访者学会放松和自我训练。

下面是情绪管理师帮助小李调节和管理情绪时干预记录的节选。情绪管理师用字母 C 代替，小李用字母 L 代替。

C：每次给患者注射前，你脑子里想的是什么？

L：我老是想起上次那个患者的家属堵在医院门口的情景，觉得患者很可怜，这个事情本来是可以避免的。我担心这件事发生在我身上，当时我的那个同事都被患者打了。总之，我每次给患者注射前就是害怕，怕犯错。

C：看来之前你同事发生的医疗事故对你影响很大，我看你刚才说起这件事的时候，身体有些发抖。

L：是的，每次想到这些我都会很害怕，晚上经常做一些乱七八糟的梦。有时候梦到我的患者死了，患者家属到处抓我；有时候梦到自己犯了错，被医院开除了。一做这种梦我就会在夜里惊醒，白天精神也不大好，精神越不好就越害怕，我觉得我迟早会出事。我的肠胃也特别不好，老是干呕，胃灼热得难受。我知道我是太焦虑了，胃酸分泌过多，我觉得这样下去我会出事的。

C：你说“我觉得这样下去我会出事的”，你是担心自己会出医疗事故，还是担心自己的身体会出问题?

L：都有吧，我自己状态不好，老是想这件事，感到特别焦虑。我觉得这让我更可能出事故，而且最近我的工作效率很低，给患者注射前老想重复检查，前天还被护士长批评了。

C：如果为你这段时间体验到的焦虑情绪打个分，0—10分，分数越高表示焦虑程度越高，你会给自己的焦虑情绪打多少分?

情绪管理师通过情绪自评量表，让小李给自己的情绪打分。

L：我不太确定，但是至少打9分吧，我实在是太焦虑了。

C：我明白。过去我也曾有过特别焦虑的经历，你说得坐立不安，胃灼热得难受，我都有过类似的体验，现在让我们一起来面对它，好吗？

L：我希望我可以尽快好起来。

C：你当然可以尽快好起来。我需要再确定一下，你刚才说担心自己这样下去会出事，到底是担心自己会出医疗事故还是担心自己的身体会出问题？

L：嗯，我可能更担心出医疗事故吧！我感觉我们医院下一个出医疗事故的人就是我，所以我在给患者注射时一直想去检查，反复检查，这真是太烦人了。

C：你似乎有一个假设：如果你不反复检查，你就可能出医疗事故。

记下你的心得体会

情绪管理师与小李确定她存在的不合理的信念。

L：是的，我心里是这么想的。

C：你对这个想法的相信程度有多大？0—10分，请你为你对这个想法的相信程度打分。

L：我觉得可以打10分，我非常相信这个想法，所以我总想去检查。

C：事实上，我们人类的认知是有一定倾向性的，特别是在发生重大事件或者灾难之后，我们会倾向于放大发生这种灾难事件的可能性，但这种认知不一定是有依据的。现在我想请你想一想，有什么样的证据支持你的这个假设呢？

L：嗯，我想想。最主要的证据就是上次事件的通报，我的同事就是因为没有仔细检查才导致医疗事故发生的，仔细检查真的太重要了。

C：还有其他的证据吗？

L：（沉默）好像没有其他证据了。

C：嗯，那通报这条证据一定特别重要，稍后我们来讨论。现在，请你找一找有哪些反对你的假设的证据？

L：反对我的假设的证据？

C：是的，请你找一找反对你的假设的证据。

L：嗯，如果非要找的话，那就是其实我们医院过去很少出医疗事故，特别是由护士注射药物错误导致的医疗事故。我自己工作六年了，也没出过什么问题。

记下你的心得体会

记下你的心得体会

C：还有其他的证据吗？

L：嗯，我在生活中是个很仔细的人，很少犯细节的错误。

C：还有吗？

L：没有了。

C：好的，让我们一起来看看。你刚才说到你的同事因为没有仔细检查，所以导致事故发生，“仔细检查”和“反复检查”是不是同样的意思呢？

L：反复检查才能仔细啊！不反复检查我怎么能保证仔细！

C：你们医院药物注射制度的要求是什么呢？

L：医院要求我们“三查八对”。

C：具体做法是？

L：我们在注射药物前，要检查床号、姓名和住院号，核对药名、剂量、浓度、用法、时间、有效期，以及用两种以上方式进行身份核对。

C：你觉得按照医院的要求操作，出错的概率有多高？

L：比较低吧！我们医院很少出这种事故。

C：如果你认为按照医院的要求操作，出错的概率是比较低，那么你还需要用反复确认甚至过度确认的方式来确保万无一失吗？

L：应该也不需要反复去做。

C：上次的医疗事故是因为你的同事没有按照医院的规定进行操作导致出错，是“不按要求操作”的问题，你只要按要求操作了，不需要用“反复”确认的方式来避免问题的发生，你同意这个观点吗？

L：嗯，应该是这样。

C：如果现在请你修正你的假设，你会把它调整为什么？

L：如果我不仔细检查，就可能出医疗事故。

C：仔细检查的意思是什么呢？

L：就是按照医院的要求进行操作，还要更认真去做。

C：好的，你可以做到按照医院的要求进行操作，并且用心认真去做吗？

L：当然可以的。

C：好的，现在你感觉怎么样？

L：好多了，感觉轻松了很多。

C：现在如果对你的焦虑打分，会是多少分？

L：大概有5分吧，我还是有点焦虑。

情绪管理师通过矫正小李的不合理的信念，降低小李的焦虑水平。

C：嗯，看起来你的焦虑缓解了不少。但是，你还要通过一些实践来验证你修正后的假设。你愿意跟我一起来验证你修正后的假设吗？

L：我应该怎么做呢？

C：你可以在接下来的一个星期的工作中，详细按照医院的要求进行操作，看一看最后的结果是什么，你是否出了差错。在你核对完结果后，请你把你自己的想法和感受写下来。

L：好的，我会去完成的。

C：如果在接下来的一周里你出现特别强烈的焦虑情绪，那么你也可以自己重复上面的过程，或者用最初我们一起学习的正念呼吸的方法来帮助自己放松。你还有需要和

记下你的心得体会

我讨论的问题吗?

L：没有了。

C：那我们今天就先到这里了。

情绪管理师为小李布置家庭行为练习作业并结束会谈。

案例小结

明确主要问题：护士小李过度焦虑对工作产生重大影响。

情绪管理师通过提问和倾听的方式，帮助小李理解自己的焦虑源于对工作中出错的恐惧，以及自己对这种恐惧的放大。利用认知行为疗法，情绪管理师帮助小李明确了自己的情绪问题，认识自己的非理性信念，即如果不反复检查就可能出医疗事故，并鼓励小李重新评估这种非理性信念。

情绪管理师在情绪辅导过程中以引导小李思考为主，并没有直接告诉小李她应该怎么做，而是通过引导小李自我反思，帮助小李找到自己的问题并找出解决方法。

在情绪辅导中，如果来访者的情绪非常

激动，情绪管理师可先处理来访者的情绪，使来访者处在一个比较理性、平和的状态，这样进行认知行为疗法取得的效果将更佳。

请将你阅读此案例后的心得与反思记录在留白处。

警察面临的主要工作挑战与情绪问题

记下你的心得体会

警察是负责维护社会治安和公共秩序的国家公职人员。他们的主要职责包括：调查犯罪、保护公民安全、执行法律和监管交通等。警察的工作时间比较长，通常每周需要工作 40 小时以上，在特殊情况下，可能需要加班或轮班。

在工作中，警察常遇到的问题包括：危险和暴力犯罪、与罪犯和暴力分子对抗、心理压力和工作压力等。警察需要处理危险情况，例如，处理暴力事件、逮捕罪犯等，这可能会让他们面临一些暴力的场景，进而影响他们的情绪。警察还要处理各种案件，完成复杂的调查工作，同时还要保持高度警惕，这可能会给他们带来较大的心理压力和工作压力。此外，警察需要随时待命，需要长时间工作，有时甚至因为一个案件，就要长期出差，这可能会影响他们的身体健康和家庭生活。由于警察工作的特殊性质，以及他们高度紧张和危险的工作环境，并需要在极端情况下做出决策，因此导致警察群体也会出现比较严重的情绪问题，例如，心理负担大，失眠，有心理创伤，焦虑等。

张警官是一名从警多年的警察，40岁，在工作中经常需要处理各种严重的犯罪案件，包括抢劫、绑架等。由于工作的特殊性质，张警官经常面临危险和压力，需要在高度紧张的情况下迅速决策和行动。他经常加班、轮班和值夜班，无法保持正常的作息时间。他经常忙碌到深夜，然后又不得不早起处理新的工作。不仅如此，他还需要处理复杂的案件和纠纷，需要面对各种各样的人和情况，有时甚至因为某些案件的特殊性，他不得不在各个地方奔波，收集证据，这也让张警官对自己的孩子、妻子和父母产生愧疚感。近期，上级又派给张警官更多的任务指标，这种工作节奏和压力让张警官感到疲惫不堪。

然而，随着时间的推移，张警官开始感到身心疲惫和压力过大。他经常失眠、焦虑和抑郁，无法集中精力工作。他开始对自己的工作能力产生怀疑，对家人的愧疚感也增加了，还感到自己无法胜任这份工作。

张警官的妻子非常担心他，向情绪管理师求助。

记下你的心得体会

情绪管理师应该怎样帮助张警官释放情绪，合理管理时间，促进身心健康?

第一，建立关系。情绪管理师要保持开放、中立的态度，倾听张警官的讲述。

第二，收集信息。情绪管理师全面收集信息，评估张警官的情绪状态。

第三，识别不合理信念。情绪管理师利用认知行为疗法，帮助张警官识别他思维中存在的不合理信念和消极信念，比如，“我必须做得更多”“我不能休息”等。情绪管理师与张警官共同探讨这些不合理信念，并提供新的思维方式，如“我正在尽力”和“我有权利休息”。

第四，呼吸和想象放松。情绪管理师引导张警官进行深呼吸和全身扫描等练习，帮助他学习减压和放松身心的方法，在压力大时能够保持冷静，专注于当前的体验上，而不是被消极思维带着走。

第五，建立计划。情绪管理师和张警官一起讨论和制订时间管理计划和休息计划，如制定工作计划、定期休息计划、放松活动计划等，帮助他在工作和生活之间找到平衡。

下面是情绪管理师帮助张警官调节和管理情绪时干预记录的节选。情绪管理师用字母 C 代替，张警官用字母 Z 代替。

C：你好，张警官，我是情绪管理师。你的妻子跟我说，你最近的工作压力非常大，经常需要加班，你能告诉我一些具体的情况吗？

Z：是的。我是一名警察，最近在处理一个比较重大的案件，工作压力非常大。我感到疲劳，常常做噩梦，也变得焦虑和易怒。

记下你的心得体会

C：我了解你现在的困难，我认为我们可以通过一些方式来帮助你处理这些情绪和压力。我们可以尝试一下认知行为疗法。你觉得怎么样？

Z：嗯，我愿意尝试。

C：你在处理案件的过程中，有没有什么让你感到特别焦虑或恐惧的事件或者情景？

Z：我总是担心自己做得不够好。如果我抓不到罪犯，我就会感到自责和痛苦。

C：我能理解你的感受，但你要认识到，每个人都有可能犯错误，包括你，而且工作并不是你的全部，你也有权利休息和照顾自己。

情绪管理师利用认知行为疗法，帮助张警官找到思维中的非理性信念。

C：张警官，现在我想用呼吸放松和想象技术引导你放松身心，你是否愿意尝试？

Z：好的，我愿意尝试。

C：很好，请你找一个舒适的姿势坐下来，然后闭上你的眼睛。你可以深深地呼吸，吸气—屏住呼吸—用力把气呼出来，重复吸气—屏住呼吸—用力把气呼出来的过程。请你将注意力放在你的脚趾上，然后是你的脚，你的腿，逐渐向上，直到你的头顶。

Z:（按照情绪管理师的指导语，体验深呼吸和对身体的关注。）

C：现在，我请你想象你的一天。早上，闹钟响起，你醒了过来，请你想象你睁开眼睛的样子，那是什么感觉呢？早上起来，你会先做什么？你是怎么洗漱的？你是怎样吃早餐的？是你妻子为你准备的早餐吗？还是因为工作繁忙，你总是随便地吃一口？问一问你自己：你花在自己身上的时间有多少呢？吃过早餐，你是如何去办公室的？你每天的工作是什么样的？你会见到哪些人，处理哪些事情？我请你去逐一想一下这一切。当你在想这些事情的时候，你内心是什么感受？是开心、平淡，还是紧张或麻木？你爱你的工作吗？近 20 年，7 300 多个日夜，过去的每一天，你是怎么过的？

你爱你自己吗？你工作的 7 300 多个日

夜，有没有一天你是完全留给自己的？当你不断要求自己，不断苛责自己的时候，你有没有想过，其实你也是一个普通人，你也会觉得累，也想停下来休息。我请你看一下那个一直奔波的、一直扛着责任的你自己，看见那个咬牙坚持的你自己，此刻，你有哪些话想要对自己说呢？

Z：（表达自己想要表达的话。）

C：请你记住你刚才说的话，我希望你在头脑中继续保持刚才想象的场景，然后想象自己在那个场景中停下来，站起来，伸个懒腰，走到窗户边，看看窗外的风景。注意感受那种身心轻松和平静的感觉。我希望你将这种身心轻松的感觉与休息和放松联系起来。这是你身体和脑告诉你，它们需要休息的信号。每当你在现实生活中感到压力和疲劳时，我希望你能记住这个感觉，并给自己一些休息时间。

Z：（点头表示同意。）

C：现在，当我数到“三”的时候，我希望你慢慢地睁开你的眼睛：“一、二、三”。

Z：（张警官睁开眼睛。）

C：那么，张警官，你现在感觉怎么样？

Z：我感觉很放松，很平静。我觉得我对自己有了新的理解，我知道我需要休息，我也可以让自己休息。

情绪管理师通过引导张警官呼吸和冥想放松身心。

C：这太好了，张警官，我希望你能在日常生活中记住这种放松和平静的感觉，并用它来帮你更好地应对压力。如果你需要的话，我们可以继续探索其他放松身心的策略和技巧。

另外，我建议你制订一个时间管理和休息计划，比如定期休息、定期进行放松的活动等。记住，照顾自己是非常重要的。接下来，你愿意和我一起制订具体的时间表吗？

Z：好的，我愿意。

C：现在，我们来具体讨论一下你的时间表。首先，我们来看一下，你一天是如何安排你的工作时间、休息时间和个人活动时间的。

记下你的心得体会

Z：我通常早上七点开始工作，一直工作到晚上七点。我只有午饭时间可以休息一下。通常我晚上回家和家人一起吃饭，然后处理一些文件，然后就去睡觉了。

C：我明白了。我看到你的工作时间非常长，并且你的休息时间非常短。这可能是导致你感到压力和疲劳的原因。让我们试着调整一下你的时间表。你认为在你的一天中，哪些时间是可以重新安排的？

Z：我觉得下午或许可以安排一些休息时间，也许在吃完午饭后可以稍微休息一下。

C：那太好了，我非常赞同。让我们试着在你的时间表中加入这个休息时间。那么，下午的休息时间，你打算做些什么来放松自己？

Z：我想我可以去散步或者听一些音乐。

C：这些都是非常好的选择。我建议你可以试试看，在休息时间，尽量让你的思绪离开工作，专注在让你放松的活动上。我建议你可以在晚上安排一些陪伴家人的时间或者做一些你喜欢的事情的时间。这也是放松

记下你的心得体会

和恢复的重要部分。

Z：我明白了。我会试试看的。

C：非常好。记住，这个时间表并不是固定不变的，你可以根据自己的需要和情况调整。我希望这个时间表能够帮助你更好地管理你的时间，减轻你的压力，并提高你的工作效率和生活质量。在这个过程中，如果你有任何问题或者遇到困难，我都可以为你提供帮助。你觉得这个时间表怎么样？

Z：我觉得这个时间表非常好，我会尝试去实施的。谢谢你的帮助。

C：不客气，张警官。如果有任何问题或者需要我进一步帮助之处，欢迎随时和我联系。祝你一切顺利！

案例小结

明确主要问题：张警官的工作压力严重影响了他的心理和生理健康。

情绪管理师主要使用了认知行为疗法引导张警官识别和挑战他的非理性信念（如自我责备和过度的责任感），帮助他挑战和改变自己不合理的思维模式，也明确了张警

记下你的心得体会

官目前最需要做的事是管理自己的时间和休息，并为以后的辅导确定了一个短期有效的目标。

情绪管理师通过呼吸和冥想，引导张警官意识到自己有权利休息，也需要休息和照顾自己。情绪管理师帮助张警官制定了一个新的时间表，帮助他在他的日程中留出休息时间。通过有效管理时间，张警官可以更好地平衡工作和生活，从而降低压力和焦虑。

请将你阅读此案例后的心得与反思记录在留白处。

记下你的心得体会

公务员面临的主要工作挑战与情绪问题

公务员是在政府机关，包括国家机关、地方机关、事业单位、公共企业等工作的人员。他们的主要职责包括制定政策、行政管理、提供公共服务等。公务员的工作时长通常是固定的，每周 40 小时，但是在有需要的情况下也可能需要加班或轮班。

在工作中，公务员常遇到的主要问题包括政策制定与执行的矛盾、行政效率低下、腐败和贪污等问题。

公务员容易出现职业倦怠感、无力等情绪问题。

第一，工作压力大。公务员需要应对政策和法规的变化，同时还要处理各种政务事项，这些会给他们带来较大的工作压力。

第二，缺乏激励机制。公务员晋升和薪资体系相对较为固定，缺乏激励机制，可能会导致公务员的工作积极性不高。

第三，责任重。公务员需要为政府决策和政策的执行负责，责任重大，这可能会对他们的情绪产生影响。

其中，社区公务员作为一线的公务人员，经常需要处理社会矛盾和纠纷，还要走基层，解决社区居民的实际问题。正如前文所言，实际上，较多的现实问题社区公务员是解决不了的，这往往让社区公务员产生无奈、沮丧、疲劳等情绪问题。这些情绪问题可能会导致社区公务员面临身体和心理的双重风险和压力。

记下你的心得体会

小张是某社区一名公务员，40岁，已经从事社区工作十余年，主要负责社区服务中心的日常管理和服务。社区服务中心为公众提供各种服务，包括处理社区居民的咨询、投诉等。然而，由于社区居民数量众多，社区服务中心经常面临服务需求量大、人手不足等问题。

有一天，一位社区居民找到小张，反映他的邻居在晚上大声喧哗，影响他休息。小张听完居民的投诉，立即安抚了这位居民，并表示会尽快处理此事。然而，由于其他居民的投诉也很多，社区服务中心的工作人员已经非常忙碌了。尽管小张面临处理其他紧急事务的压力，他还是需要尽快处理这位居民的投诉。

小张首先向社区派出所报告了此事，并要求他们前去调查。然而，派出所表示他们人手不足，无法及时处理此事。小张只好自己前往该居民所在的小区进行调查。在调查过程中，小张发现，该居民所在的小区存在许多问题，如停车混乱、垃圾乱丢等。小张决定将这些问题记录下来，并向上级领导反映。

在处理这个问题的过程中，小张遇到许多困难和挑战。首先是时间紧迫，他需要尽

记下你的心得体会

快解决这个问题，但是他也面临着其他紧急事务的压力。其次是人手不足，社区服务中心的工作人员已经非常忙碌。最后是社区治理难题，该居民所在的小区存在许多问题，有些短时间内难以解决。

在处理这个居民的投诉的过程中，小张也出现许多情绪问题。首先是焦虑和紧张。由于时间紧迫和任务重要，小张感到很焦虑，也很紧张。其次是挫折感和无力感。因为社区的很多任务全都由一线社区公务员进行，很多问题依靠自己的力量无法完成的，这让他们产生挫折感和无力感。

长期循环往复做着相同的工作，面对很多社区居民的投诉，面对不容易解决的问题，面对很多不可调和的矛盾，再加上升职空间很小，渐渐地，小张不知道自己工作的意义是什么，逐渐出现职业倦怠感。

情绪管理师应该怎样帮助小张调整情绪并改善职业倦怠感?

第一，建立咨询关系。情绪管理师可以通过展示专业技能和资历，以开放的、包容

记下你的心得体会

的态度，以关怀和理解的方式，与小张建立有效的咨询关系。

第二，了解现状，完成概念化。你需要通过收集信息，完成初步的概念化，了解来访者到底“发生了什么?”“是什么事情导致他如今的结果?”“伴随着什么样的情绪?”“情绪强度如何?”等。

第三，快速有效地解决来访者的情绪问题。作为情绪管理师的你，需要尽可能地在每一次会面中解决来访者的情绪问题。情绪管理师的重心可以放在教授来访者放松技巧和促进积极自我对话上。例如，通过冥想和深度呼吸等放松技术放松身心，教授来访者开展积极的自我对话。

下面是情绪管理师帮助小张调节和管理情绪时干预记录的节选。情绪管理师用字母C代替，小张用字母Z代替。

C：你好，小张。你说你最近压力有些大，感到疲倦，你可以告诉我你面临的挑战和困扰吗?

Z：是的，我感到工作压力很大，我总

觉得自己无法满足公众的期望，而且处理复杂的问题和执行政策也让我感到困惑和焦虑。

C：我完全理解你的感受。作为一线公务员，你的职责确实很重，公众期望也很高。你现在可以使用情绪自评量表对你的情绪进行评价吗？0—10分，你觉得目前你的情绪可以打几分？

Z：我觉得可以打8分。

情绪管理师通过情绪自评量表，让小张给自己的情绪打分。

C：好的，非常好。现在，我建议你尝试一些调节情绪和缓解压力的方法。比如，每天留出一段时间来放松自己，我们可以尝试森田疗法，让自己放松身心，让诸多事情按照其规律进行。

Z：好的，我可以尝试一下。

C：现在我们一起尝试一下，请闭上眼睛，放松身体。你可以坐在椅子上或者选择一种舒适的身体姿势，保持不变。然后，请你关注自己的呼吸。感受气息进入和离开身体的感觉。如果你的思维开始游移，不要担心，你只是注意到它们，并重新关注呼吸。

接下来，让自己意识到身体的感觉。注意身体的每个部位，从头顶到脚趾，感受身体的紧张感。请不要刻意改变身体感觉，只是接受它们。如果你不由自主地感到焦虑、疲劳或其他负面情绪，请不要抵抗它们，而要接纳和容纳它们。让它们存在，并意识到它们只是暂时的。不要试图去改变它们，只是接受它们。如果你发现自己陷入消极的思维循环中，请不要过分关注这些消极的思维，而继续关注身体和呼吸。你会发现，这些消极的思维都是你在高度压力状态下的自然反应。随他吧！就像眼睛会自然地感受光线，耳朵会自然地听见声音，脑子会自然地联想各种事物，这些就像你饿了想要吃饭，困了想要睡觉一样，属于自然规律，不要试图去控制他们，只是接受它们，并让它们自然地流动。

请自然地感受这些症状自然出现和消失的过程，在这个过程中，你会逐渐平静……

好的，现在感觉怎么样？

Z：我觉得我轻松了一些，但有时候我觉得自己无法摆脱工作的压力，感到很疲倦。

C：这种感受是很正常的，我们可以探讨一些积极的自我对话和积极的思维方式来应对这些压力。尝试关注你工作中的成就和积极方面，也许你可以记录下每天工作中一些成功的案例或者你受到赞扬的事情。此外，建立支持系统也很重要，你可以与同事分享彼此的感受，或者寻求家人和朋友的支持。

情绪管理师通过教授小张开展积极的自我对话，改善小张的情绪状态。

C：我会试着改变自己的思维方式，并与同事和家人多交流，但我还担心自己的工作能力和决策是否正确。

M：我完全理解你的感受。作为公务员，你的职责确实很重，公众期望也很高。但是，让我们来审视一下你对自己的要求。你认为自己必须完美满足所有公众的期望吗？

Z：嗯，可能是吧！我一直觉得自己的工作必须毫无瑕疵，这给我增加了很大的压力。

C：我理解你想做好工作的愿望，但完

记下你的心得体会

记下你的心得体会

美并不是一个合理的期望。每个人都会犯错，遇到挑战或遇到难以解决的问题。你可以试着接受自己的不完美，而不是将不完美视为失败。错误和挑战是成长和学习的机会。

Z：这样说起来确实有道理。我一直太过于苛求自己，把不完美看作失败，这让我产生了很大的压力。

C：是的，过高的标准和自我苛责会给你带来很大的压力。我想让你思考一下：面对的困难和挑战，你是如何克服它们的？

Z：嗯，确实有一些困难和挑战，我通过寻求指导和学习新的知识的方式来解决它们。

C：非常好！你具备解决问题的能力。回想一下你过去的成功和成就，这些都是你努力工作和取得进步的结果。你可以尝试记录工作中积极的方面。

情绪管理师帮助小张找到非理性信念，通过证据驳斥非理性信念，改变小张的认知。

Z：谢谢你的建议，我会尽量将你教的方法用于实际中。我希望能够重拾对工作的热情。

C：很高兴能帮到你。现在请你再次使用情绪自评量表，给自己的情绪打个分。

Z：我想我现在应该可以打 4 分。

C：非常好，记住，情绪管理是一个长期的过程，需要持续的努力和关注。如果你需要进一步支持和指导，可以随时与我联系。

情绪管理师结束情绪辅导，并为小张布置练习作业。

情绪管理师通过理解小张的情绪困扰和挑战，提供了一些情绪调节、积极自我对话和支持系统建立的知识和建议，帮助小张调整情绪，改善职业倦怠感，并重拾对工作的热情。

注意，在实际情绪辅导过程中，情绪管理师应根据来访者的具体情况，调整辅导过程，进行个性化处理。

记下你的心得体会

案例小结

明确主要问题：小张是一名正在经历工作压力和职业倦怠的公务员，他感到自己无法满足公众的期望，同时又对复杂的决策和执行政策感到困惑和焦虑。

情绪管理师情绪辅导的主要策略是利用认知行为疗法有针对性地提问，并给予小张指导，帮助小张找到压力的源头，制订个性化的应对策略。

首先，通过邀请小张使用情绪自评量表，情绪管理师可以清晰了解小张的情绪状态。这也让小张有机会去认识和感受自己的情绪，这是改善情绪状态的第一步。

其次，情绪管理师采用森田疗法以及关注呼吸和身体感受的方法，帮助小张放松，减轻了校长的焦虑情绪。这些方法有助于引导小张从过度关注自身情绪和负面的思维中解脱出来，转而去感受自身的身体和呼吸，以达到放松和缓解压力的目的。

最后，利用认知行为疗法引导小张思考他对工作的期待和要求是否过高，并帮助他接受错误和不完美。这个过程有助于小张调整自己的心态，减轻自我压力，并重新发现工作的价值和意义。

请将你阅读此案例后的心得与反思记录在留白处。

记下你的心得体会

同行、上下级之间遇到的情绪问题

同行、上下级之间常因为沟通等导致相应的情绪问题，从而影响工作绩效、上下级关系、同事关系和职业幸福感。

小胜，36 岁，男性，某社区公务员，临时接到了一项任务。关于这项任务，小胜的上级没有给予他足够的信息和指导。在小胜看来，这是一项根本就没法在短时间内完成的任务，这让他感到生气、焦虑和无奈。同时，这也让小胜对他的上级产生抱怨和不满的情绪。小胜逼迫自己努力完成任务，但最终失败了，这导致工作时间和资源的浪费。同时，小胜感觉，他的上级可能因为他没有完成任务而对他失望、不满和不信任。

周生，38 岁，男性，某街道办的警察，除了每天需要完成日常的工作任务以外，还要完成领导交办的办案和抓捕罪犯的任务。周生说，近半年来，他的工作量已经超过正常一年的工作量，根本没有时间休息。周生感觉抑郁、焦虑、愤怒。

记下你的心得体会

璐璐，女性，29岁，国企编制内工作人员。璐璐常常担心她的同事在背后议论她。璐璐的同事常常找璐璐帮忙，璐璐不愿意帮忙又不知道如何拒绝，这让璐璐觉得很无奈。

从上面三个例子可以看出，同行、上下级之间会因为沟通等导致抱怨、失望、压抑等情绪问题。接下来，我们将举2个帮助他们管理情绪的例子。通过管理情绪，提高他们的沟通技能，提升工作绩效和组织效益。

记下你的心得体会

同行之间的人际沟通问题

小王是某公司的一名高级经理，他负责公司的市场营销工作。在他的领导下，市场营销部门取得了很好的业绩，但是最近，由于同事之间的情绪和沟通问题，市场营销部门的工作开始出现问题。

事情始于一次会议。在这次会议上，小王提出了一项新的市场营销策略，但是他的同事小丽并不认同。由于小丽提出批评意见时语带偏激，导致他们开始互相指责，情绪激动，最终导致会议没有取得任何进展。因为两人沟通问题，影响了市场营销策略的制订，这让小王感到非常失望和沮丧。从此，小王对小丽一直心存怨恨，拒绝与小丽沟通和合作。

随着时间的推移，同事之间的情绪和沟通问题越来越严重。有些同事开始互相攻击和排斥，甚至出现办公室政治。这种同事之间的沟通和情绪问题，不仅影响个人的工作效率，还影响整个市场营销部门的工作绩效。

同事之间的情绪和沟通问题导致员工和团体的工作效率降低。由于同事之间缺乏信任和合作精神，他们不愿意相互协作，也不愿意分享信息和资源。这导致重复劳动和信息不对称等问题，浪费了时间和资源。

情绪管理师如何进行干预?

第一，建立信任关系。情绪管理师应安排一个初次会谈，让小王感到舒适并愿意分享他的情况。在这个过程中，情绪管理师应倾听并尊重小王的感受，不作任何评判。

第二，评估和识别问题。情绪管理师

应引导小王详细描述他在工作中遇到的具体问题，以及这些问题引发的具体情绪。可以通过询问："你什么时候会觉得压力最大？""当你面对小丽的反对和批评时，你的第一反应是什么？""这种情况对你有什么影响？"

第三，处理情绪和压力。使用正念疗法处理情绪，使用认知行为疗法寻找不合理信念。

记下你的心得体会

第四，以问题和目标导向为中心。帮助小王解决人际关系问题并促进同事之间关系发生改变。

下面是情绪管理师帮助小王调节和管理情绪时干预记录的节选。情绪管理师用字母L代替，小王用字母W代替。

L：你好，小王。你刚刚提到你和小丽之间存在矛盾和沟通问题，这对你个人和你们整个市场营销部门的绩效产生了负面影响。你可以告诉我更多关于这个问题的具体情况吗？

W：是的，我和小丽在一次会议上发生

了争执，两个人情绪激动。之后，我对小丽产生了怨恨，并与她保持距离。这种情况持续了一段时间，现在已经影响到整个团队的合作和效率。但是，我真的很生气，我觉得是她故意针对我。

L：我理解你们之间的矛盾给你们之间的合作和整个团队带来了困扰。首先，我建议你采取主动，与小丽私下沟通一次。重建沟通渠道是解决矛盾的第一步。你可以邀请小丽与你进行一次会谈，表达你的关切和愿望，强调你希望能改善彼此之间的合作关系。

W：但是，我一直对小丽的行为耿耿于怀，对她有一定的偏见。我觉得我很难主动与她对话。

L：我了解你的感受，在此之前，我们可以先尝试进行正念呼吸，让自己的情绪得到安置，可以吗？

W：好的，我试一下。

L：好的。现在，请你调整你的姿势，深呼吸，把注意力放在呼吸上，让自己的身体尽可能地放松，现在请你回到你生气时的状态，让我们去观察生气时你的面部表情，你身体的紧张程度。好的，我想请你通过深呼吸，慢慢地放松你的身体，使你的身体处在一个很轻松的状态下……

情绪管理师让小王通过正念呼吸，放松身体，平复情绪。

L：好的，你现在感觉怎么样？

W：我感觉轻松多了，但是对于小丽，我还是耿耿于怀。

L：嗯，我能够理解你的感受，你会觉得她是故意针对你，但为了个人和整个团队的利益，你可以尝试着先放下个人的情绪和偏见，以合作和改善关系为目标进行一次有意义的会谈。可以吗？

W：我尝试一下吧！但是你能否教我如何做？因为我担心我会控制不住我自己的情绪。

L：好的，我能够理解你的担心。你在会谈前，可以用之前练过的放松技巧，先将自己的情绪安置好，告诉自己此行的目的以及对好结果的期待。

在会谈中，请你记住以下五点技巧：（1）选择合适的时间和地点，确保能够专注

记下你的心得体会

地进行对话；（2）尝试使用情绪测量器，将双方的情绪标识出来，并用150字的词语进行描述；（3）倾听并尝试理解小丽的观点，表达对她的重视和尊重；（4）用“我”开头表达自己的感受和观点，避免指责或攻击；（5）最重要的是保持开放的态度，愿意共同解决问题。

情绪管理师建议小王用情绪测量器评估自己的情绪状态。

W：好的，我会试着打破壁垒，与小丽进行对话，并努力理解她的观点。我会注意用“我”开头表达自己的感受。

L：很好，这是积极的第一步。此外，你可以运用积极的反馈和赞赏来促进良好的人际关系。当你注意到小丽作出积极贡献时，你要表达你对她的赞赏和感谢，这有助于建立积极的人际关系，增强团队合作。

W：明白了，我会尝试给小丽积极的反馈和赞赏，以促进我们之间的良好人际关系。

L：非常好。记住，解决矛盾和改善人际关系需要时间和努力。维护良好的沟通渠道，

记下你的心得体会

并致力于建设性地解决问题，对于提升整个市场营销部门的绩效将会产生积极的影响。

W：我明白了。我会尝试与小丽进行开放和诚实的对话，重申我们共同解决问题的意愿。

L：很好，这是积极的一步。另外，除了与小丽沟通，你也要考虑组织一个团队建设活动，提升团队合作和沟通技巧。这也是一个促进团队成员之间更好理解和协作的机会。

W：这个建议听起来不错。我会考虑组织一个团队建设活动，以改善团队的合作和沟通。

L：很好，小王。记住，解决矛盾和改善人际关系需要时间和努力。维护良好的沟通渠道，并致力于建设性地解决问题，对于提升整个市场部门的绩效将会产生积极的影响。

记下你的心得体会

情绪管理师为小王布置练习作业，结束情绪辅导。

案例小结

明确主要问题：小王和小丽之间的冲突是团队合作中不可避免的问题，成员之间不熟悉，沟通出现问题会直接影响他们的个人工作表现以及整个团队的协作。

首先，情绪管理师引导小王意识到他的情绪和偏见可能正在阻碍他与小丽之间的沟通和协作，引导小王觉察自己的偏见和不合理信念问题。其次，通过放松降低小王的负面情绪强度。最后，情绪管理师引导小王主动与小丽沟通，寻求沟通和理解是解决人际冲突的关键。

情绪管理师在帮助小王释放压力的过程中选择了正念呼吸的方法，帮助小王平息情绪，引导小王在平静的情绪状态下沟通的技巧。

情绪管理师鼓励小王使用情绪测量器标识自己的情绪，使用以“我”开头的语言表达自己的感受和观点，给予小丽积极的反馈和赞赏。通过这些有效的沟通技巧，情绪管理师帮助小王更好地理解和表达自己，同时也更好地理解和尊重他人。

改善人际关系需要持续的努力和承诺。解决矛盾、建立和维护良好的沟通渠道，都需要时间和耐心。情绪管理师建议小王组织团队建设活动，提高团队合作和沟通技巧，并告诉小王，改变和进步是一个持续的过程，需要大家共同努力。

情绪管理师通过引导小王与小丽进行私下对话，理解对方观点，解决过去冲突，强调合作愿望，建议提供团队建设活动，以促进人际关系与沟通，提升组织效益。这些技巧有助于缓解小王的紧张情绪，找到合作解决问题的方式。实际上，对来访者的情绪干预应根据具体情况进行调整和个性化处理。

请将你阅读此案例后的心得与反思记录在留白处。

记下你的心得体会

改善上下级沟通，提升组织效益

小张，30岁，女性，某公司的一名普通员工，她所在的部门负责制订和实施公司的市场营销策略。然而，由于小张与上级之间存在沟通问题，她的工作开始出现问题。

事情始于一次会议。在这次会议上，小张提出了一项新的市场策略，但是小张的上级并不认同。上级开始指责小张没有考虑公司的实际情况，没有充分了解市场需求等，情绪激动。小张感到非常委屈和沮丧，觉得自己的上级不认可到自己的付出和劳动。

这次会议后，小张一直害怕她的上级，不论事情做得对还是错，她都非常害怕，上级安排的事情，小张都倾向拒绝，推给其他同事做。小张深知自己的状态不好，长久下去不仅影响她个人的工作绩效，还会影响组织的绩效，但是小张不知道自己怎么了？小张觉得自己并不是一个不能承受高强度工作的人。

由于存在上下级沟通问题，小张的工作受到影响。小张的上级开始过度监督小张，经常要求她提交详细的报告和计划，这让小张感到非常有压力，每天都非常紧张，害怕看到上级的信息。这让小张很沮丧。

记下你的心得体会

如何改善小张的上下级沟通问题？

第一，建立信任关系。情绪管理师倾听并尊重小张的感受，不对小张的行为作任何评判，与小张建立信任关系。

第二，评估和识别问题。情绪管理师引导小张详细描述她在工作中遇到的具体问题，以及这些问题引发的具体情绪。

第三，处理情绪和压力。情绪管理师请小张利用情绪日志识别自己的情绪以及情绪风格，教授小张正念疗法处理情绪，运用认知行为疗法寻找不合理信念

第四，以问题和目标为中心。情绪管理师帮助小张提升沟通技巧。

下面是情绪管理师帮助小张调节和管理情绪时干预记录的节选。情绪管理师用字母 L 代替，小张用字母 Z 代替。

记下你的心得体会

L：你好，小张。我了解到你和你的上级之间存在沟通问题，这对你的工作产生了负面影响。你可以告诉我更多关于这个问题的具体情况吗？

Z：是的，我在一次会议上提出了新的市场策略，但我的上级却不认同，他对我进行了指责和批评。自那以后，我感到非常委屈和沮丧，对上级有一种害怕的感觉，无论什么任务，我都倾向于推给其他同事。

L：我理解你的感受，这种情况对你的工作产生了很大的影响。首先，我建议你尝

试理解你的上级的立场。他的批评和指责可能是出于对公司利益的考虑，而不是对你个人的攻击。试着从他的角度来看待问题，以便更好地理解他的关切。

Z：我会尽量理解上级的立场，但我觉得他对我非常苛刻，这让我害怕和紧张。

L：感觉紧张是很正常的，我们可以一起探讨如何处理这种紧张情绪。

Z：谢谢，我真的需要一些帮助来缓解自己的情绪。我觉得非常沮丧和紧张，无法正常应对工作。

L：我完全理解你的感受。首先，我建议你尝试识别和理解你感受到的情绪。你可以尝试写情绪日志，记录下具体的情绪和触发情绪的因素，这有助于你更好地认知和管理自己的情绪。

Z：这个方法听起来不错。我会尝试记录下自己的情绪和触发情绪的因素，以便更好地了解自己。

L：另外，尝试用一些放松和应对焦虑的技巧。例如，深呼吸和冥想可以帮助你平静下来，减轻紧张情绪。你可以寻找自己感兴趣的放松活动，比如运动、画画、阅读等，用来转移注意力和释放压力。现在，我们一起体验正念呼吸，你愿意和我一起体验和尝试吗？

Z：好的，我愿意。

情绪管理师带领小张体验正念呼吸。

L：（体验结束后）你感觉如何？那种把所有的焦点都放在当下的感觉怎么样？

Z：我感觉很好，没有那么担心了，似乎平静了一些。

L：嗯，是的，平静能帮你更好地理解一些事情，我希望你回去后，可以每天都练习。

Z：好的，我会的。

……

L：好的，在我们之前的对话中，你提到领导对你的批评和指责让你感到委屈，同时你也产生了一些不合理的信念。我们一起探讨一下，看看如何找到这些不合理的信念并消除它们。

Z：是的，但我不太清楚是什么，我也不知道该如何处理它们。

L：首先，我们来看看你认为领导的指责是“因为你个人的能力不够导致的”这个信念。这个信念有时候可能并不准确，因为每个人都会面临挑战或犯错。让我们回顾一下你过去的成就和成功经历，你是如何展示出自己的能力和专业素养的。

Z：嗯，确实我过去有一些成功的经历，我在过去的项目中展示了自己的能力和专业素养。

情绪管理师请小张在纸上写下她过去成功的经历。

L：很好！这些成功经历是你有能力的证据，证明了你的能力。让我们试着挑战你的不合理信念。你回去后可以回想一下过去的工作成果和受到的肯定，将这些内容写下来，并思考它们是如何证明你的能力的。

Z：好的，我会回顾一下过去的工作成果，并记录这些证据，以帮助我挑战我的不合理信念。

L：另外，你也可以尝试从不同的角度看待你的情况。你的上级可能有他自己的压

记下你的心得体会

力和考虑，而他的批评并不一定是对你个人的攻击。试着换位思考，想象如果你是他，你会有什么样的关切和需求。

Z：这是一个有意思的角度，我会试着从上级的角度来理解他的关切和需求。

L：很好，小张。记住，改变不合理的信念需要时间和努力。持续关注并挑战这些不合理的信念，通过查找证据和从不同角度思考，逐步改变你的观念。

Z：好的，谢谢你，我会尝试，但是我还是不知道如何与上级沟通。一想到和上级沟通，我依旧很害怕。

L：我非常理解你感受，现在让我们一起思考一些促进上下级沟通以实现组织效益的方法。

Z：好的，我希望能够改善我与上级之间的关系，更好地与上级沟通以便更好地合作和提高工作效率。

L：首先，你要关注有效的沟通技巧。这包括倾听、表达和共享信息的能力。当你与上级沟通时，尝试主动倾听他们的意见和需求，表达你的观点和想法，同时共享相关

记下你的心得体会

的信息。通过有效沟通，可以减少误解和歧义，提高工作效率。

Z：你的意思是说好的沟通技巧需要倾听和自我表达的能力？

L：是的，专注倾听不是一件容易做到的事情，它需要你保持一个开放和公正态度。但事实上，我们常常会因为情绪问题等，不自觉地对他人进行批判和评价。

Z：是的，情绪上来了，啥也听不进去。

L：嗯，不着急，你可以通过不断的练习达成专注倾听，我们可以探讨和练习一下。

Z：好的。

L：另外，建立一个良好的反馈和沟通机制也非常重要。定期向上级反馈和沟通，讨论工作进展，面临的挑战和需要改进的方面。这种反馈和沟通可以促进双方的理解和协作，提供解决问题的机会和提高工作效率。这样的反馈和沟通机制能够让彼此有更多了解，这包括工作的进展和可以改进的地方。

此外，积极寻求与上级合作的机会也是促进上、下级沟通的关键。尝试主动与上级合作，为上级提供帮助和支持，这可以建立信任和良好的工作关系，有助于改善问题，提高组织效益。

Z：我似乎明白了……我得先学会倾听他人，尊重他人，理解他人，增加工作的反馈和沟通机制，促进与上级的合作才行。

L：嗯，是的。最后，保持积极的心态和开放的态度也是非常重要的。尽量避免受消极情绪的影响，尝试将困难和挑战视为成长和学习的机会。这种积极的心态会帮助你面对工作中的问题，并促进上下级之间有效沟通。

Z：谢谢你的建议，我会尽力落实并保持积极的心态。

L：很好，小张。通过关注沟通技巧、建立反馈和沟通机制、寻求与上级合作机会和保持积极心态，你将改善与上级的关系，进而提升组织效益。

另外，找到一个社会支持系统也非常重要。你可以与亲近的朋友或家人倾诉自己的问题，表达自己的感受，分享自己的困惑和挑战。他们的支持和理解可以给你带来情绪

记下你的心得体会

上的安慰和支持。

Z：你说得对，他们一直都在我身边，我相信他们可以给我带来帮助和鼓励。

L：很好，小张。情绪的调整是一个渐进的过程，需要持续努力和关注。请记住，你并不孤单，我也会一直在你身边支持你。如果你需要进一步帮助和指导，可以随时向我咨询。

案例小结

明确主要问题：小张在与上级沟通时遇到困难，无法妥善处理情绪，进而影响到工作效率和职业发展。

由于小张在工作中受到上级的指责，导致小张的内心充满了恐惧和痛苦。情绪管理师首先要引导小张识别自己的情绪，通过写情绪日志和正念呼吸等方法来调整情绪。只有首先认清和理解自己的情绪，才能找到处理情绪问题的方法。

情绪管理师引导小张找到自己不合理的信念。因为小张不理解上级对自己的评价，形成了一些不合理的信念（如认为自己没有

记下你的心得体会

记下你的心得体会

能力），这直接导致小张无法正常工作。情绪管理师利用认知行为疗法引导小张去找到这些不合理的信念，并通过回顾过去的成功经历，寻找足够的证据，反驳和挑战不合理的信念。只有挑战这些不合理的信念，才能找到真正解决问题的方法。

小张的主要问题是与上级沟通导致的困扰，以及不合理信念带来的不合理行为。在情绪管理师处理了小张不合理的信念后，接下来的目标就是教授小张沟通技巧。情绪管理师建议小张改善沟通技巧，建立反馈和沟通机制，主动寻求与上级合作，以及保持积极心态等方法，改善与上级的关系。沟通是解决问题的最好方式。

在处理情绪问题的过程中，情绪管理师也建议小张充分利用社会支持系统，帮助小张更好地解决问题。情绪管理师还引导小张发现并建立自己的社会支持系统。

请将你阅读此案例后的心得与反思记录在留白处。

小结

1. 不同的职业可能遭遇不同的情绪困扰，情绪管理师需要针对不同行业人群的情绪困扰采取不同的干预方式，才能起到事半功倍的效果。

2. 情绪管理师的情绪调节工作主要包括四个板块：建立关系、评估问题、确立干预方案、实施和总结。

反思·实践·探究

凯佳（化名）是一名研究机构的工作人员。最近，凯佳处于极度压抑和愤怒中，她觉得自己面临“屈服还是毁灭”的选择。

凯佳从事博士后研究工作，最近她的导师在申请某个重大奖项时，为了能更高效地完成申报工作，抽调了实验室所有的人力共同完成材料准备工作，凯佳也负责其中的重要部分。在此期间，实验室所有的科研项目全部停止，很多研究员的成果也被整合到材料中，凯佳对此非常不满，认为导师是在强取豪夺。此外，凯佳本年度的科研进展不顺利，年度考核的要求并未完成，她认为“自己的生命完全在被浪费”“自己像面团一样被揉来揉去，毫无尊严和价值”……她既不满于导师的方式，又没有勇气选择离开，她感到极度困扰。

1. 凯佳的主要情绪困扰是什么？她的困扰是如何产生和发展的？

2. 情绪管理师应当如何为凯佳提供有效的帮助？